水环境监测治理
技能改革探究

干雅平　著

中国纺织出版社有限公司

图书在版编目（CIP）数据

水环境监测治理技能改革探究／干雅平著. --北京：
中国纺织出版社有限公司，2022.3
ISBN 978-7-5180-9434-9

Ⅰ.①水… Ⅱ.①干… Ⅲ.①水环境—环境监测—研究②水环境—综合治理—研究 Ⅳ.①X832②X143

中国版本图书馆CIP数据核字（2022）第 049907 号

责任编辑：张 宏 责任校对：高 涵 责任印制：储志伟

中国纺织出版社有限公司出版发行
地址：北京市朝阳区百子湾东里A407号楼 邮政编码：100124
销售电话：010—67004422 传真：010—87155801
http://www.c-textilep.com
中国纺织出版社天猫旗舰店
官方微博 http://weibo.com/2119887771
天津千鹤文化传播有限公司印刷 各地新华书店经销
2022 年 3 月第 1 版第 1 次印刷
开本：710×1000 1/16 印张：14.5
字数：197 千字 定价：88.00 元

凡购本书，如有缺页、倒页、脱页，由本社图书营销中心调换

前　言

　　资源短缺与环境污染是当今世界人类社会面临的突出问题，水资源与水环境首当其冲。水是人类及其他生物赖以生存的不可缺少的重要物质，也是工农业生产、社会经济发展和生态环境改善不可替代的极为宝贵的自然资源。然而，自然界中的水资源是有限的，随着人口的不断增长和社会经济的迅速发展，用水量在不断增加，排放的废水、污水量也在不断增加，水资源与社会经济发展、生态环境保护之间的不协调关系在"水"上表现得十分突出。水资源的不合理开发和利用不仅引起大面积的缺水危机，还可能诱发区域性的生态恶化，严重地困扰着人类的生存和发展。因此，水资源的监测与治理不仅是我国现阶段必须大力发展和急需推进的重大战略，更是人类社会共同面临的课题。

　　如今，水资源和水环境问题正受到各界的关注和重视。合理开发与利用水资源，科学地监测与治理污水，加强水资源管理与保护已经成为当前人类维持环境、经济和社会可持续发展的重要手段和保证措施。水资源的监测和水污染的治理都是十分重要的内容，因此，探究水环境监测与治理技能改革具有重要的现实意义。

　　全书共分为六章，对水环境监测与治理技能改革展开研究，内容包括：水环境监测与治理概述，水环境监测与治理的技能实施，水污染的防治，水环境监测与治理体制改革分析，水环境监测与治理体制的改革思路，六大系统工程技术体系运用案例。本书注重理论性和实用性的统一，内容丰富，模块清晰，简明易懂。

本书是在调研了国内外相关水环境监测、治理及技能改革等方面的著作、文献和政策法规的基础上写作而成的。书中引用了许多国内外相关文献和资料，在此谨向这些作者表示感谢，并已在参考文献中列出，如有疏漏深表歉意。由于水环境和水资源保护及水污染治理涉及的内容非常广泛，受作者的理论和实践所限，对这些方面有所取舍，谬误与不足在所难免，真心希望得到同行、专家的批评指正。

著者

2021 年 12 月

目 录

水环境监测与治理概述

第一节　水质和水污染

一、水的循环及水资源分布

（一）水循环

地球上的水连续不断地变换地理位置和物理形态（相变）的运动过程，称为水分循环，又称水循环或水文循环。水的三态转化特性是产生水分循环的内因，太阳辐射和重力作用则是水分循环的动力。

根据水分循环的过程，自然界的水分循环可分为大循环和小循环两种类型。

大循环，就是从海洋上蒸发的水汽，被气流带到大陆上空，在适当的条件下凝结，又以降水的形式降落到地表，一部分降水被植被拦截或被植物散发；一部分降水降落到地面上，形成地表径流或渗入地下。渗入地下的水一部分以地下径流形式进入河道，成为河川径流一部分；还有一部分储存为地下水。储存于地下的水，一部分上升至地表供蒸发，另一部分向深层渗透，在一定的条件下溢出后成为不同形式的泉水。地表水、地下水和返回地面的部分地下水，最终沿着江河水系或地下水系注入海洋。这样，就完成了地球上的水分大循环，又称海陆水循环或全球水循环（见图1-1）。

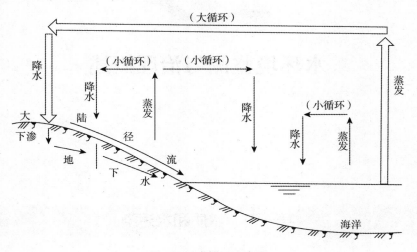

图1-1　水循环示意图

小循环可分为两种：一种是从海洋表面蒸发的水汽，在海洋上空成云致雨，然后降落到海洋表面上，这样的局部水分循环过程，称为海洋小循环；另一种是从陆地表面蒸发的水汽，在内陆上空成云致雨，然后降落到大陆表面上，这样的局部水分循环过程，称为陆地小循环。

大循环是由许多小循环组成的复杂过程。从海洋蒸发的水汽，其中一部分被气流带至大陆上空，遇冷凝结，形成降雨，其中在海洋边缘地区，部分降雨形成径流返回海洋，部分水汽则蒸发上升，随同海洋输送来的水汽再向内陆输送，至离海洋更远的地方，凝结形成降雨，然后蒸发到上空气团中，这样越向内陆水汽越少，直至远离海洋的内陆，由于水汽含量很少不能形成降雨为止，这种循环过程称为内陆循环。在内陆循环过程中，形成径流回到海洋的水分，对内陆循环不再发生作用，而蒸发后吹向内陆的水分则继续参加水分循环。这种水分包括大气下层的水汽、土壤上层的水分、冰川积雪区的水分，所有这些水分，经过再蒸发顺着气流的运行而推向内陆，增加内陆循环的水汽。一个地区如果地面和地下储水比较丰富，蒸发水汽量较多，内陆循环就比较活跃。在内陆循环旺盛的地区，活跃的内陆循环在促进凝结降水方面起了一定的作用，因此增大陆面蒸发，对改善陆地降水状况，特别是温湿度是有好处的。

除了水的自然循环外，还有水的社会循环。人类社会为了满足工农业生产和日常生活的需要，从天然水体中取水使用，使用后变成了工业废水和生活污水，经过处理后不断地排放到天然水体中，从而构成了水的社会循环。水在社会循环中形成的生活污水和各种工业废水是天然水体最大的污染来源。

整个水环境系统应该包括水的自然循环和社会循环。水在自然循环和社会循环过程中总会混入各种各样的杂质，其中包括自然界各种地球化学和生物过程的产物，也包括人类生活和生产的各种废弃物。水体中的各种物质在水体中进行循环与变化，当水中某些杂质的数量达到一定程度后，就会对人类环境或水的作用产生许多不良影响，这就是水的环境效应。

（二）全球水资源分布

地球的表面面积约为 5.1 亿 km^2，被水覆盖的面积约为 3.6 亿 km^2，占地球表面积的 71%，地球上的陆地面积仅占地球表面积的 29%。根据现有资料估算，全球水的总储量约为 13.86 亿 km^3（见表 1-1），其中 13.38 亿 km^3 储存于海洋中，占全球水总储量的 96.5%；分布在面积为 1.49 亿 km^3 的陆地上的各种水体，其储量约为 0.48 亿 km^3，占全球水总储量的 3.5%；大气水和生物体内的水仅有 1.4 万 km^3，只占全球水总储量的 0.001%。在陆地水储量中，有 73%，即 0.35 亿 km^3 为含盐量小于 1g/L 的淡水，占全球水储量的 2.53%。在陆地淡水中，只有 30.4%，即 0.1065 亿 km^3 分布在湖泊、沼泽、河流、土壤和地下 600m 以内含水层中，其余 69.6% 分布在两极冰川与雪盖、高山冰川和永久冻土层中，难以利用。

表 1-1　地球上各种水体的组成与分布

水体形式		分布面积（万 km³）	水储量（万 km³）	在全球总水量中的百分比（%）	
				占总储量	占淡水储量
一、海洋水		36130	133800	96.5	—
二、地下水		13480	2340	1.7	—
其中：淡水		13480	1053	0.76	30.1
三、土壤水		8200	1.65	0.001	0.05
四、冰川冰盖		1622.75	2406.41	1.74	68.7
五、永冻上底冰		2100	30.0	0.222	0.86
六、湖泊水		206.87	17.64	0.013	—
其中	淡水	123.64	9.10	0.007	0.26
	咸水	82.23	8.54	0.006	—
七、沼泽水		268.26	1.147	0.0008	0.03
八、河床水		14880	0.212	0.0002	0.006
九、生物水		51000	0.112	0.0001	0.003
十、大气水		51000	1.29	0.001	0.04
水体总储量		51000	138598.461	100	—
其中：淡水储量		14800	3502.992	2.53	100

河川径流量（包含大气降水和高山冰川融水形成的动态地表水）和由降水补给的浅层动态地下水，基本上反映了动态水资源的数量和特征，所以世界各国通常用河川径流量近似表示动态水资源量。根据水文测验资料以及与径流有关的因素推算，全世界多年平均径流总量为 4.68 万 km³，其中河川径流量为 4.45 万 km³，冰川径流量为 0.23 万 km³。河川径流量中有 4.35 万 km³ 流入海洋，其余 0.1 万 km³ 排入内陆湖。径流量的地区分布和人口分布并不相适应，有人居住和适合人类活动的地区约拥有多年径流量 1.9 万 km³，占世界多年径流总量的 40.6%。

因为各国发展不平衡，各国对水资源的重视程度也不同，要对全球地下水资源量进行估算比较困难，所以通常采用多年平均径流量来表示水资源量。河川径流量最能反映水资源的数量和特征，它不仅包含降雨时产生的地表水，而且包含地下水的补给（河川基流量）。为此，分析世界各地的河川径流量便可说明全球水资源的分布状况。世界各大洲的水资源量如表1-2所示。

表1-2　各大洲水资源

大陆	河川径流		占总径流量的百分比（%）	河川指标			
	径流深度（mm）	径流量（km³）		面积（万km²）	径流模数[m³/(km²·a)]	人口（10⁶人）	人均径流量（m³/人）
欧洲	306	3210	7	1050	30571	728	4409
亚洲	332	14410	31	4348	33145	3684	3912
非洲	151	4570	10	3012	15173	800	5713
北美洲	339	8200	17	2420	33884	306	26797
南美洲	661	11760	25	1780	66067	518	22703
大洋洲	267	2388	5	895	26682	31	77032
南极洲	165	2310	5	1398	16524	—	—
总计	2221	46848	100	14903	222046	6067	140566

通过全球水文循环，每年在全球陆地上形成的河川年径流量为4.68万km³，其中有40%分布于适合人类生存的地区，但分布极不平衡。从世界各国拥有的水资源量来看，居第一位的是巴西，其次依次为俄罗斯、加拿大、中国、印度尼西亚、美国、印度和日本。这8个国家的年径流量共计为2.57万km³，占世界年径流总量的55%（见表1-3）。亚洲国家中年径流深最大的是印度尼西亚和日本，接近1500mm。欧洲国家中年径流深最大的是挪威，为1250mm。

表 1-3　世界各主要国家年径流量、人均和单位面积耕地占有水量

国家	年径流量 （亿 m³）	单位面积 产水量 （万 m³/km²）	人口（亿）	人均水量 （m³/人）	耕地 （10⁶ hm²）	单位耕地 面积水量 （m³/hm²）
巴西	69500	81.5	1.49	46808	32.3	215170
俄罗斯	54600	24.5	2.80	19521	226.7	24111
加拿大	29010	29.3	0.28	103607	43.6	66536
中国	27115	28.4	11.54	2350	97.3	27867
印度尼西亚	25300	132.8	1.83	13825	14.2	178169
美国	24780	26.4	2.50	9912	189.3	13090
印度	20850	60.2	8.50	2464	164.7	12662
日本	5470	147.0	1.24	4411	4.33	126328
全世界	468000	31.4	52.94	8840	1326.0	35294

（三）中国水资源

1. 水资源量

我国地域辽阔，国土面积 960 万 km²，地处欧亚大陆东南部，濒临太平洋，地势西高东低，境内山脉、丘陵、盆地、平原相互交错，构成众多江河湖泊。据第一次全国水利普查统计，流域面积在 10000km² 以上的河流有 238 条；面积在 1km² 以上的湖泊约有 2865 个，总面积约为 7.80 万 km²，约占全国总面积的 0.80%。

由于我国处在季风气候区域，受热带、太平洋低纬度温暖而潮湿气团的影响以及西南印度洋和东北鄂霍茨克海水蒸气的影响，我国东南地区、西南地区以及东北地区有充足的水汽补充，降水量丰沛，是世界上水资源相对比较丰富的地区之一。

据统计，我国年平均河川径流量为 27115 亿 m³，折合年径流深为 282mm。我国地表水资源总量仅次于巴西、俄罗斯，加拿大、美国、印度尼西亚。另外，我国地下水资源总量年平均为 7279 亿 m³。由于地表水与

地下水之间存在相互转化，扣除其中重复计算部分，我国水资源总量大约为 28124 亿 m^3。

虽然我国水资源总量较大，但人均占有量、平均降水深度较小。据计算，我国多年平均降水量约为 61889 亿 m^3，折合降水深度为 648mm，与全球陆地平均降水深度 800mm 相比约低 20%。我国人均占有河川径流量约为 2086m^3，仅相当于世界人均占有量的 1/4、美国人均占有量的 1/6，亩均水量约为世界亩均水量的 2/3。这些统计数据均说明：从总量上看，我国水资源相对比较丰富，属于丰水国，但我国的人口基数和面积基数大，人均和亩均水资源量都较小，如果按照这一参数比较，我国仍属于贫水国。

2. 水资源特点

我国广阔的地域和特殊的地形、地貌、气候条件，决定了它的水资源特点。

（1）水资源总量丰富，但人均水资源占有量少。如前所述，我国水资源总量较大，居世界第 6 位，但是面积辽阔，需要养育的人口众多，这就导致亩均和人均水资源量均较小。人均水资源量居世界倒数第 13 位，属于世界上的贫水国。这是我国水资源的基本国情。

（2）水资源空间分布不均匀。由于我国所处的地理位置和特殊的地形、地貌、气候条件，导致水资源丰枯地区之间差异比较大，总体状况是南多北少，水量与人口和耕地分布不相适应。长江流域及其以南的珠江流域、浙闽台、诸河、西南诸河等四片，面积占全国的 36.5%，耕地占全国的 36%，水资源量却占全国总量的 81%，人均占有水资源量为 4180m^3，约为全国平均值的 1.6 倍；亩均占有水资源量为 4130m^3，为全国平均值的 2.3 倍。辽河、海滦河、黄河、淮河四个流域片，总面积占全国的 18.7%，接近南方四片的一半，耕地占全国的 45.2%，人口占全国的 38.4%，但水资源总量仅相当于南方四片水资源总量的 10%（本段以上数据均为估计的大致数据）。不相匹配的水土资源组合必然会影响国民经济发展和水土资源的合理利用。

（3）水资源时间分布不均匀。我国水资源分布不均，不仅表现在地域分布上，还表现在时间分配上。无论是年内还是年际，我国降水量和径流量的变化幅度都很大，这主要是受我国所处的区域气候影响。

我国大部分地区受季风影响明显，降水量年内分配不均匀，年际变化较大，并有枯水年和丰水年连续出现的特点。这种变化一般是北方大于南方。

从全国来看，我国大部分地区冬春少雨，夏秋多雨。南方各省汛期一般为 5~8 月，降水量占全年的 60%~70%，2/3 的水量以洪水和涝水形式排入海洋；而华北、西北和东北地区，降水集中在 6~9 月，占全年降水的 70%~80%。这种集中降水又往往集中在几次比较大的暴雨中，极易造成洪涝灾害。

水资源在时间上的分布不均，一方面给正常用水带来困难，比如正是用水的春季反而少雨，而在用水量相对少的季节有时又大量降水，导致降水与用水时间上出现不协调，为水资源充分利用带来不便；另一方面由于过分的集中降水或过分的干旱，易形成洪涝灾害和干旱灾害，会给人民生产、生活带来影响。

3. 水资源质量

在水的质量方面，中国河流的泥沙问题十分突出。黄河三门峡以上多年平均来沙量达 16 亿 t，居世界各河之首，黄河泥沙每年约有 1/4 淤积在下游河道内，致使下游河床逐年抬高，防洪能力降低。黄河支流祖厉河的多年平均年含沙量高达 $493kg/m^3$，为全国各河之冠。而最大含沙量则出现于黄河的另一条支流——窟野河，含沙量高达 $1500kg/m^3$。黄河中游黄土高原丘陵沟壑区，侵蚀方式以沟蚀和重力侵蚀为主。坡面侵蚀模数一般为 5000~10000t/（km^2·a），沟谷侵蚀一般为 15000~20000t/（km^2·a），大面积平均为 4000t/（km^2·a）。

由于泥沙问题，使下游平原地区水文情势经常发生变化，如河流的改道、湖泊和水库淤积、水轮机和各类过水结构的腐蚀等。泥沙又是污染物载体，污染物会随泥沙的输移和淤积而影响水质。

中国河川径流的矿化度（单位水体中主要离子量之和，以 mg/L 计），受降水、径流、下垫面等因素影响，由东南沿海向西北内陆逐渐增加，变化幅度从低于 100mg/L 到高于 1000mg/L，最高的为黄河支流祖厉河，流域平均矿化度高达 6000mg/L，为全国各河之冠。全国河流矿化度高于 1000mg/L 地区的面积约占全国国土面积的 13%。

河水的总硬度是单位水体中钙、镁离子量之和。中国河流水总硬度的分布趋势基本上与河水矿化度分布一致，即由东南沿海向西北内陆逐渐增大。

河水的酸碱度（pH 值），在中国河流中的地区变化是：东南沿海和东北地区的河水酸碱度较低，而西北地区则较高，全国范围内的多年 pH 平均值为 6.5~8.5。

二、水体污染及分类

（一）水体污染的概念

随着工农业生产的发展，城镇的扩增，人口的增多，对水的需求量日益增加，同时也使废水排放量不断增加。由于未经处理的废水会使某些有害物质进入水体，使天然水体发生物理和化学上的变化，导致水质变坏，即水体受到污染。

在环境污染问题的研究中，首先要区分"水"和"水体"两个不同的概念。例如，重金属污染物易于从水中转移到底泥中，可以生成沉淀物或被吸附、配位、螯合等。因此，若仅从上层的水看，重金属含量可能并不算太高，似乎没有受到污染或污染很轻，但若着眼于整个水体，则很可能已遭受到十分严重的污染。有人把污染从水中转向底泥称为水的净化作用，但从整个水体来看，这种转移却可能成为长期的潜在危害。

关于水体污染的定义，一般认为，是指由于人类的活动或自然过程导致污染物进入天然水体，使水的感官性状（色、嗅、味、浊等）、物理化学性能（pH 值、氧化还原电位、放射性等）、化学组成（无机组成和有机组成）、生物组成（种群、数量、形态等）和底质状况发生恶化，妨碍了天然水体的正常功能，造成对水生生物及人类生活、生产用水的不良影响。

还有人对水体污染从另外两个方面进行定义：一是与水的自净作用相

联系，即认为水污染是指排入水体的污染物超过了水的自净能力，从而使水质恶化的现象；二是指进入水体的外来物质含量超过了该物质在水体中的本底含量（自然界中天然存在的含量水平，又称"背景值"）。如果出现以上这两种现象，则认为水体处于污染状态。

（二）水体污染的分类

在水环境保护工作中，为了便于研究问题，常根据污染源的特点进行分类。由于污染源调查目的不同，分类方法也不完全一样。

1. 根据污染源的形态特征进行分类

根据污染源的形态特征可分为点污染源和非点污染源两类。所谓点污染源，是指人类在城镇居民点内生活和生产过程中，通过生活用水、生产用水、市政工程用水将污染物质随下水道系统排放到自然水体中；或油轮漏油、发生事故等造成石油对海岸的污染。这类污染的特点是排放地点固定，即下水道有固定的排污口，海水的油污染有一定的区域，而且随着人类的作息时间，排放的水质和水量有周期性规律，变化幅度不大。同时，通过调查、测定，还可进一步区分工业废水量和生活废水量。

非点污染源，也叫面污染源，指的是雨水把大气中和地表面的污染物带入自然水体。这类污染的特点是形成地表径流的水顺着地势高低而漫流，没有固定的排放点，而且它的质和量都随着降水的变化而变化，排放量是间歇性的，变化幅度较大。为了研究面污染源的特性及变化规律，可将面污染再以各种标准分类，如最简单的可分为城市径流污染和农村径流污染。

2. 根据污染物产生的来源进行分类

根据污染物产生的主要来源可分为自然污染和人为污染。自然污染主要是由自然原因造成的，如特殊地质条件使某些地区的某种化学元素大量富集；天然植物在腐烂过程中产生某种毒物；降雨淋洗大气和地面后携带各种物质流入水体；海水倒灌，使河水的矿化度增大，尤其是氯离子大量增加；深层地下水沿地表裂缝上升，使地下水中某种矿物质含量增加；等等。人为污染是人类生活和生产活动中产生的废水对水的污染，它包括生活污水、工业废水、交通运输、农田排水和矿山排水等，人为污染是水污染的主要污染源。此外，固体废弃物倾倒在水中或岸边，甚至堆积在土地上，经降雨淋洗流入水体，也会造成水体的污染。2001年6月，中国市长协会第三次代表大会宣布，我国的城市已达660多个，城镇人口有4.56亿人，城镇化率已经达到36.09%。急剧的城市化会造成城市人口大量集中，城市废水的处理将是一项十分重要的大事。城市排放的生产废水、生活污水、粪便废水、医院污水都会加剧对水体的污染，而这些污染又主要集中在城市附近。例如，大量排放的各类废水已使全国131条流经城市的河流有80%被污染，一些重要的大型湖泊的污染程度已影响到城市正常供水。

根据污染物产生来源的类别可分为以下几种：

（1）工业污染源。这是对水体产生污染的最主要的污染源。在我国，工业废水排放量在全国废水排放量中占有重要位置。它指的是工业企业排出的生产过程中使用过的废水。工业废水的量和成分是随着生产及生产企业的性质而改变的，一般来说，工业废水种类繁多，成分复杂。工业废水的性质则往往因企业采用的工艺过程、原料、药剂、生产用水的量和质等条件的不同而有很大差异。

根据污染物的性质，工业废水可分为：①含无机物废水，如火力电厂的水力冲灰废水，采矿工业的尾矿水以及采煤炼焦工业的洗煤水等；②含有机物废水，如造纸、制糖、食品加工、染织工业等产生的废水；③含有毒的化学性物质废水，如化工、电镀、冶炼等产生的工业废水；④含有病原体工业废水，如生物制品、制革、屠宰厂等产生的废水；⑤含有放射性物质废水，如原子能发电厂、放射性矿、核燃料加工厂等产生的废水；⑥生产用冷却水，如热电厂、钢铁厂等产生的废水。

（2）生活污染源。生活污染源主要来自城市。由于城市人口密集，居民在日常生活中排放各种污水，如洗涤衣物、沐浴、烹调用水，冲洗大小便器等的污水，其数量、浓度与生活用水量有关，用水量越多，污水量越大。生活污水中的腐败有机物排入水体后，使污水呈灰色，透明度降低，有特殊的臭味，含有有机物、洗涤剂的残留物、氯化物、磷、钾、硫酸盐等。

（3）农业污染源。农业污染源主要指的是由于农药和化肥的不正确使用所造成的污染。人们对农药所造成的水体污染是有一个认识过程的。例如，过去只看到农药带来的好处，忽视了其潜在的危害，而不把它当作一种污染源。现实教育了人们，农药的污染还是相当严重的。有些污染水体的农药的半衰期（有机物分解过程中，浓度降至原有值的一半时所需要的时间）是相当长的，如长期滥用有机氯农药和有机汞农药，污染地表水，会使水生生物、鱼贝类有较高的农药残留，加上生物富集，食用后会危害人类的健康甚至生命。我国已于1983年决定停止生产有机氯农药。

（4）其他污染物源。油轮漏油或者发生事故（或突发事件）引起石油对海洋的污染，因油膜覆盖水面使水生生物大量死亡，死亡的残体分解对水体造成污染。

（三）水污染形势

据联合国环境规划署提供的资料，20世纪80年代以来，发展中国家水体污染日趋严重。印度大约70%的地表水已被污染，马来西亚有40多条主要河流污染严重，致使鱼虾绝迹。发展中国家已知的常见疾病中大约80%与水污染和饮水不卫生有关。全世界有10亿人由于饮用水被污染，受到疾病传染、蔓延的威胁，每天因饮用水污染而丧生的人达2.5万人。发展中国家儿童的死亡，大约4/5是与水污染有关的疾病造成的。

我国的水污染形势也非常严峻。中国环境公告显示，2012年，长江、黄河、珠江、松花江、淮河、海河、辽河、浙闽片河流、西北诸河和西南诸河十大流域的国控断面中，Ⅰ-Ⅲ类、Ⅳ-Ⅴ类和劣Ⅴ类水质断面比例分别为68.9%、20.9%和10.2%。主要污染指标为化学需氧量、五日生化需氧量和高锰酸盐指数。

62个国控重点湖泊（水库）中，2012年Ⅰ-Ⅲ类、Ⅳ-Ⅴ类和劣Ⅴ类水质比例分别为61.3%、27.4%和11.3%。主要污染指标为总磷、化学需氧量和高锰酸盐指数。

同时，除密云水库和班公错外，其他60个湖泊（水库）中，4个为中度富营养状态，占6.7%；11个为轻度富营养状态，占18.3%；37个为中营养状态，占 61.7%；8 个为贫营养状态，占 13.3%。

地下水方面，依据《地下水质量标准》，2012 年全国地下水综合评价结果显示，水质呈优良级的监测点 580 个，占全部监测点的 11.8%；水质呈良好级的监测点 1348 个，占 27.3%；水质呈较好级的监测点 176 个，占 3.6%；水质呈较差级的监测点 1999 个，占 40.5%；水质呈极差级的监测点 826 个，占 16.8%。主要超标指标为铁、锰、氟化物、"三氮"（亚硝酸盐氮、硝酸盐氮和氨氮）、总硬度、溶解性总固体、硫酸盐、氯化物等，个别监测点存在重（类）金属超标现象。

与 2011 年相比，2012 年有连续监测数据的水质监测点总数为 4677 个，分布在 187 个城市，其中水质呈变好趋势的监测点 793 个，占监测点总数的 17.0%；呈稳定趋势的监测点 2974 个，占 63.6%；呈变差趋势的监测点 910 个，占 19.4%。

随着我国现代化和工业化进程的不断提速，废水排放总量呈现持续增长态势。2001—2012 年，我国废水排放总量从 2001 年的 433 亿吨增长到 2012 年的 685 亿吨，12 年间增加了 252 亿吨，平均每年多排放 21 亿吨废水，平均年复合增长率约 4.3%。

从废水污染源来看，我国废水污染源主要分为工业源、农业源、城镇生活源，以及少量的集中式污染设施排放源，其中城镇生活源污水排放量的增加是我国废水排放量增加的主要原因。

我国城镇污水排放量占废水排放总量的比例逐年提升，从 2001 年的 53.2%上升到 2012 年的 67.6%。2001—2012 年，我国城镇生活污水排放量年均增量为 19.4 亿吨，占废水排放总量年均增量的 92.2%。

在三种废水污染源中，工业废水的特点是排放数量及污染物含量相对小，但污染物种类多、治理难度大，引起水环境发生质化污染；农村污水的特点是排放数量绝对大，但截至 2010 年，全国范围内农村污水处理覆盖率不及 10%，发展尚处于起步阶段；与工业废水、农村污水相比，城镇污水的特点是排放量及污染物含量绝对大，但污染物种类少、治理难度低、治理工艺相对成熟，城镇污水处理覆盖率已经达到一定水平，对水环境的影响属于量化污染。

城镇污水 COD 及氨氮占全国废水 COD 及氨氮的比例大。一般情况下，COD 和氨氮是城镇污水中所含的最主要的两种污染物，也是国家验收、环保部门对污水处理厂例行检查时优先选择的指标。以 2012 年为例，城镇污水 COD 排放量为 913 万吨，占全国废水 COD 排放量的 72.9%，氨氮排放量为 145 万吨，占全国废水氨氮排放量的 84.6%。

三、水质与水质指标

水广泛应用于工农业生产和人民生活之中。人们在利用水时，要求水必须符合一定的质量。水的质量就是指水和其中所含的杂质共同表现出来的综合特性。描述水质量的参数就是水质指标，通常用水中杂质的种类、成分和数量来表示，以此作为衡量水质的标准。水质指标项目繁多，因用途的不同而各异。其中有的水质指标从名称就可以看出具体的杂质成分，如汞、镉、砷、硝酸根、DDT、六六六等；有的水质指标反映了若干杂质成分的共同影响结果，如碱度、硬度等；有的水质指标则是许多污染杂质的综合性指标，如浑浊度、生化需氧量、化学需氧量等。

水质指标一般分为物理性水质指标、化学性水质指标和生物性水质指标三大类。

1. 物理性水质指标

（1）感官物理性状指标，如温度、色度、嗅和味、浑浊度、透明度等。

（2）其他的物理性指标，如固体含量、电导率、一些放射性元素等。

2. 化学性水质指标

（1）一般化学性水质指标，如 pH 值、碱度、硬度、各种阳阴离子、一般有机物等。

（2）有毒化学性水质指标，如重金属、氟化物、多环芳烃、各种农药等。

（3）氧平衡指标，如溶解氧、生化需氧量（BOD）、化学需氧量（COD）等。

（4）营养元素指标，如氨氮、硝态氮、亚硝态氮、有机氮、总氮、可溶解性磷、总磷、硅等。

（5）金属化合物指标，如汞、铜、铅、锌、镉、铬等。

3. 生物性水质指标

生物性水质指标，如细菌总数、总大肠菌群数、各种病源微生物、病毒等。

以饮用水质标准为例，参见表1-4。

表1-4　生活饮用水卫生标准（GB 5749—2006）

指标	限值
1. 微生物指标①	
总大肠菌群（MPN/100mL 或 CFU/100mL）	不得检出
耐热大肠菌群（MPN/100mL 或 CFU/100mL）	不得检出
大肠埃希氏菌（MPN/100mL 或 CFU/100mL）	不得检出
菌落总数（CFU/mL）	100
2. 毒理指标	
砷（mg/L）	0.01
镉（mg/L）	0.005
铬（六价，mg/L）	0.05
铅（mg/L）	0.01
汞（mg/L）	0.001
硒（mg/L）	0.01
氰化物（mg/L）	0.05
氟化物（mg/L）	1.0
硝酸盐（以 N 计，mg/L）	10 地下水源限制时为 20
三氯甲烷（mg/L）	0.06
四氯化碳（mg/L）	0.002

指标	限值
2. 毒理指标	
溴酸盐（使用臭氧时，mg/L）	0.01
甲醛（使用臭氧时，mg/L）	0.9
亚氯酸盐（使用二氧化氯消毒时，mg/L）	0.7
氯酸盐（使用复合二氧化氯消毒时，mg/L）	0.7
3. 感官性状和一般化学指标	
色度（铂钴色度单位）	15
浑浊度（NTU−散射浊度单位）	1 水源与净水技术条件限制时为 3
臭和味	无异臭、异味
肉眼可见物	无
pH（pH 单位）	不小于 6.5 且不大于 8.5
铝（mg/L）	0.2
铁（mg/L）	0.3
锰（mg/L）	0.1
铜（mg/L）	1.0
锌（mg/L）	1.0
氯化物（mg/L）	250
硫酸盐（mg/L）	250
溶解性总固体（mg/L）	1000
总硬度（以 $CaCO_3$ 计，mg/L）	450
耗氧量（COD_{Mn} 法，以 O_2 计，mg/L）	3 水源限制，原水耗氧量>6mg/L 时为 5
挥发酚类（以苯酚计，mg/L）	0.002
阴离子合成洗涤剂（mg/L）	0.3

续表

指标	限值
4. 放射性指标②	
总 α 放射性（Bq/L）	0.5
总 β 放射性（Bq/L）	1

注：①MPN 表示最可能数；CFU 表示菌落形成单位。当水样检出总大肠菌群时，应进一步检验大肠埃希氏菌或耐热大肠菌群；水样未检出总大肠菌群，不必检验大肠埃希氏菌或耐热大肠菌群。

②放射性指标超过指导值，应进行核素分析和评价，判定能否饮用。

第二节　水环境监测的目的和原则

一、水环境监测的目的和分类

（一）水环境监测目的

水环境监测是为国家合理开发利用和保护水土资源提供系统水质资料的一项重要的基础工作，是水环境科学研究和水资源保护的基础，对发展国民经济和保障人民健康等具有十分重要的意义。水环境监测的目的是及时、准确、全面地反映水环境质量现状及发展趋势，为水环境管理、规划、污染防治等提供科学依据，具体可归纳为以下 6 个方面。

（1）对进入江、河、湖、库、海洋等地表水体的污染物质及渗透到地下水中的污染物质进行经常性的监测，以掌握水环境质量现状及其发展趋势。

（2）对生产过程、生活设施及其他排放源排放的各类废水进行监视性监测，为实现监督管理、控制污染提供依据。

（3）对水环境污染事故进行应急监测，为分析判断事故原因、危害及采取对策提供依据。

（4）为国家政府部门制定水资源保护法规、标准和规划，全面开展水环境管理工作提供有关数据和资料。

（5）为开展水环境质量评价、水资源论证评价及进行水环境科学研究提供基础数据和手段。

（6）收集本底数据，积累长期监测资料，为研究水环境容量、实施总量控制、目标管理提供依据。

（二）水环境监测分类

1. 监视性监测

监视性监测也称例行监测或常规监测。一般是指按照国家有关技术规定，对水环境中已知的污染因素和污染物质定期进行监测，以确定水环境质量及污染源状况，评价控制措施的效果，衡量水环境标准实施情况和水环境保护工作的进展。

监视性监测包括对污染源的监督监测（污染物浓度、排放总量、污染趋势等）和水环境质量监测。这类监测包含以下三项具体目标。

（1）趋势监测。它是为了掌握一个水体水质的长期性变化趋势而开展的监测，重点是获取一个时期内水体的主要理化和生物参数的平均值，为水环境管理及污染防治提供基础资料。

（2）超标监测。它是为了监视一个水体水质参数值是否超过标准，以发现问题，及时向有关工矿企业、事业单位发布警报，并采取相应措施。这对保障居民集中供水水源、渔业、灌溉和工业用水的安全，评价本地区污染控制措施的有效性是十分重要的。

（3）背景监测。在水体相对清洁区，例如，流经城市和工业区的河流上游设置监测点进行长期监测，取得的数据可作为趋势和超标监测值的对照。

2. 应急监测

应急监测一般分为突发性水环境污染事故监测和洪水期与退水期水质监测。

（1）突发性水环境污染事故监测。突发性水环境污染事故，尤其是有毒有害化学品的泄漏事故，往往会对水生生态环境造成极大的破坏，并直接威胁人民群众的生命安全。因此，突发性水环境污染事故的应急监测与水环境质量监测和污染源监督监测具有同样的重要性。当发生突发性水环境污染事故时，要及时对水体的水质进行监测，迅速查明污染物的种类、污染程度和范围以及污染发展趋势，及时、准确地为决策部门控制污染提供可靠依据。

（2）洪水期与退水期水质监测。掌握洪水期与退水期地表水现状和变化趋势，及时准确地为国家水行政和环境保护行政主管部门提供可靠信息，以便对可能发生的水污染事故制定相应的处理对策，为保障洪涝区域人民的健康与做好灾后重建工作提供科学依据。

3. 特定目的监测

特定目的监测是为了完成一个时期内专门的任务而开展的活动，根据其目的可分以下几种类型。

（1）仲裁性监测。主要针对水污染事故纠纷、水政执法过程中所产生的矛盾进行监测。仲裁性监测应由国家指定的具有权威的监测部门进行，以提供具有法律效力的数据，供执法部门、司法部门仲裁。

（2）验证性监测。主要针对流域、区域性开发和各类建设项目所产生的水环境问题进行监测，监督开发在施工和建成运行期所建设项目对水体的污染影响，验证环境影响报告书中各项结论的正确性。

（3）咨询性监测。为政府部门、科研机构、生产单位所提供的服务性监测。例如，建设新企业应进行环境影响评价，需要按评价要求进行监测。

4. 研究性监测

研究性监测又称科研监测，是针对有特定目的的科学研究而进行的高层次的监测。例如，水环境本底的监测及研究；有毒有害物质对从业人员的影响研究；为监测工作本身服务的科研工作的监测，如统一方法、标准分析方法的研究和标准物质的研究等。

二、水环境监测的对象和项目

（一）水环境监测对象

水环境监测可分为水环境现状监测和水污染源监测。代表水环境现状的水体包括地表水（江、河、湖、库、海水）和地下水；水污染源包括生活污水、医院污水和各种工业废水，有时还包括农业退水、初级雨水和酸性矿山排水。水环境监测就是以这些未被污染和已受污染的水体为对象，监测影响水体的各种有害物质和因素，以及有关的水文和水文地质参数。

（二）水环境监测项目

1. 水环境监测项目的确定原则

水环境监测项目的选择首先取决于水体目前和将来的用途，并应注意以下原则：

（1）选择国家和地方的地表水环境质量标准中要求控制的监测项目。

（2）选择对人和生物危害大、对地表水环境影响范围广的污染物。

（3）选择国家水污染物排放标准中要求控制的监测项目。

（4）所选监测项目有"标准分析方法""全国统一监测分析方法"。

（5）可根据本地区污染源的特征和水资源与水环境保护功能的划分，酌情增加某些选测项目；根据本地区经济发展、监测条件及技术水平的实情，可酌情增加某些污染源和地表水监测项目。

2. 水环境监测项目

地下水常规监测项目见表 1-5，地表水监测项目见表 1-6。潮汐河流必测项目增加氯化物。饮用水保护区或饮用水源地江河除监测常规项目外，必须注意剧毒和"三致"有毒化学品的监测。

表 1-5　地下水常规监测项目

必测项目	选测项目
pH 值、总硬度、溶解性总固体、氨氮、硝酸盐氮、亚硝酸盐氮、挥发性酚、总氰化物、高锰酸盐指数、氟化物、砷、汞、镉、六价铬、铁、锰、大肠菌群	色、嗅和味、浑浊度、氯化物、硫酸盐、碳酸氢盐、石油类、细菌总数、硒、铍、钡、镍、六六六、滴滴涕、总 α 放射性、总 β 放射性、铅、铜、锌、阴离子表面活性剂

表 1-6　地表水监测项目

水体	必测项目	选测项目
河流	水温、pH 值、溶解氧、高锰酸盐指数、化学需氧量、BOD、氨氮、总氮、总磷、铜、锌、氟化物、硒、砷、汞、镉、六价铬、铅、氰化物、挥发酚、石油类、阴离子表面活性剂、硫化物和粪大肠菌群	总有机碳、甲基汞、其他项目参照表 1-5，根据纳污情况由各级相关环境保护与水利主管部门确定
集中式饮用水源地	水温、pH 值、溶解氧、悬浮物、高锰酸盐指数、化学需氧量、BOD、氨氮、总磷、总氮、铜、锌、氟化物、铁、锰、硒、砷、汞、镉、六价铬、铅、氰化物、挥发酚、石油类、阴离子表面活性剂、硫化物、硫酸盐、氯化物、硝酸盐和粪大肠菌群	三氯甲烷、四氯化碳、三溴甲烷、二氯甲烷、1，2-二氯乙烷、环氧氯丙烷、氯乙烯、1，1-氯乙烯、1，2-二氯乙烯、三氯乙烯、四氯乙烯、氯丁二烯、六氯丁二烯、苯乙烯、甲醛、乙醛、丙烯醛、三氯乙醛、苯、甲苯、乙苯、二甲苯、异丙苯、氯苯、1，2-二氯苯、1，4-二氯苯、三氯苯、四氯苯、六氯苯、硝基苯、二硝基苯、2，4-二硝基甲苯、2，4，6-三硝基甲酚、硝基氯苯、2，4-硝基氯苯、2，4-二氯苯酚、2，4，6-三氯苯酚、五氯酚、苯胺、联苯胺、丙烯酰胺、丙烯腈、邻苯二甲酸二丁酯、邻苯二甲酸二（2-乙基己基）酯、水合肼、四乙基铅、吡啶、松节油、苦味酸、丁基黄原酸、活性氯、滴滴涕、林丹、环氧七氯、对硫磷、甲基对硫磷、马拉硫磷、乐果、敌敌畏、敌百虫、内吸磷、百菌清、甲萘威、溴氰菊酯、阿特拉津、苯并（a）芘、甲基汞、多氯联苯、微囊藻毒素-LR、黄磷、钼、钴、镀、硼、锑、镍、钒、钡、钛、铊

水体	必测项目	选测项目
湖泊水库	水温、pH 值、溶解氧、高锰酸盐指数、化学需氧量、BOD、氨氮、总磷、总氮、铜、锌、氟化物、硒、砷、汞、镉、六价铬、铅、氰化物、挥发酚、石油类、阴离子表面活性剂、硫化物和粪大肠菌群	总有机碳、甲基汞、硝酸盐、亚硝酸盐，其他项目参照表 1-5，根据纳污情况由各级相关环境保护与水利主管部门确定
排污河（渠）	根据纳污情况，参照表 1-5 中工业废水监测项目	

三、水环境监测的特点和原则

（一）水环境监测的特点

水环境监测就其对象、手段、时间和空间的多变性、污染组分的复杂性等，特点可归纳如下。

1. 水环境监测的综合性

水环境监测的综合性表现在以下 3 个方面：

（1）水环境监测手段包括化学、物理、生物、物理化学、生物化学及生物物理等一切可表征环境质量的方法。

（2）监测对象包括天然水体（江、河、湖、海及地下水）、生活污水、医院污水和各种工业废水等水体，只有对这些水体进行综合分析，才能确切地描述水环境质量状况。

（3）对监测数据进行统计处理、综合分析时，需结合该地区的自然和社会等方面的情况，因此，必须综合考虑才能正确阐明数据的内涵。

2. 水环境监测的连续性

由于水环境污染具有时空性等特点，因此，只有坚持长期测定，才能从大量的数据中揭示其变化规律，预测其变化趋势，数据越多，预测的准确度就越高。因此，监测网络、监测点位的选择一定要有科学性，而且一旦监测点位的代表性得到确认，必须长期坚持监测。

3. 水环境监测的追踪性

水环境监测包括监测目的的确定、监测计划的制订、采样、样品运送和保存、实验室测定数据整理等过程，是一个复杂而又有联系的系统，任何一步出现差错都将影响最终数据的质量。特别是区域性的大型监测，由于参加人员众多、实验室和仪器不同，必然使技术和管理水平不同。为使监测结果具有一定的准确性，并使数据具有可比性、代表性和完整性，需有一个量值追踪体系予以监督。为此，需要建立水环境监测的质量保证体系。

（二）水环境监测的原则

1. 实用、经济的原则

监测不是目的，是手段；监测数据不是越多越好，而是越有用越好；监测手段不是越现代化越好，而是越准确、可靠、实用越好。所以在确定监测技术路线和技术装备时，要进行费用—效益分析，经过技术经济论证，尽量做到符合国情、省情和市情。

2. 优先污染物优先监测的原则

有毒化学物质的监测和控制，无疑是水环境监测的重点。世界上已知的化学品有700万种之多，而进入水环境的化学物质已达10万种，人们不可能对每一种化学品都进行监测，而只能有重点、针对性地对部分污染物进行监测和控制。这就需要对众多有毒污染物进行分级排队，从中筛选出潜在危害性大、在水环境中出现频率高的污染物作为监测和控制对象。经过优先选择的污染物称为水环境优先污染物，简称优先污染物，对优先污染物进行的监测称为"优先监测"。

优先污染物是指难以降解、在环境中有一定残留水平、出现频率较高、具有持久性和生物累积性、毒性较大以及现代已有检测方法的化学物质。

美国是最早开展优先监测的国家。早在20世纪70年代中期，就在"清洁水法"中明确规定了129种优先污染物，它一方面要求排放优先污染物的工厂采用最佳可利用技术并控制点源污染排放，另一方面制定水环境质量标准，对各水域实施优先监测。

苏联卫生部于 1975 年公布了水体中有害物质最大允许浓度，其中无机物质 73 种，后又补充了 30 种，共 103 种；有机物 378 种，后又补充了 118 种，共 496 种。实施了 10 年后，又补充了 65 种有机物，合计达 664 种。

"中国环境优先监测研究"也已完成，列出了"中国环境优先污染物黑名单"，包括 14 种化学类别共 68 种有毒化学物质，其中有机物占 58 种，见表 1-7。表中标有"△"符号者为推荐近期实施的名单，包括 12 个类别共 68 种有毒化学物质，其中有机物占 38 种。

3. 全面规划、协同监测的原则

水环境问题的复杂性决定了水环境监测的多样性。必须把各地区、各部门、各行业的监测机构组成纵横交错的监测网络，才能全面掌握水环境质量和污染源状况，所以必须全面规划、协同监测。

在监测布局上要进一步健全和完善全国水环境监测体系，按照各部门、各行业职能分工，各负其责，充分发挥各自的优势。环保部门以区域水环境质量监测、污染源监督监测和水污染事故应急监测为主；水利部门以江河湖库天然水体、地下水水体及取水退水的水质水量监测为主；工业部门以污染源监视监测和治理设施运行效果监测为主；城建部门以城市自来水和污水处理厂处理设施运行效果监测为主；林业部门以湿地水生态环境质量监测为主；农业部门以农药、化肥等面源污染监测和农业生态监测为主；海洋部门以海洋水环境质量监测和海洋生态监测为主。

表 1-7　中国环境优先污染黑名单

化学类别	名称
1. 卤代烃类	二氯甲烷、三氯甲烷△、四氯化碳△、1，2-二氯乙烷△、1，1，1-三氯乙烷、1，1，2-三氯乙烷、1，1，2，2-四氯乙烷、三氯乙烯△、四氯乙烯△、三溴甲烷△
2. 苯系物	苯△、甲苯△、乙苯△、邻二甲苯、间二甲苯、对二甲苯
3. 氯代苯类	氯苯△、邻二氯苯△、对二氯苯△、六氯苯△
4. 多氯联苯类	多氯联苯△

续表

化学类别	名称
5. 酚类	苯酚△、间甲酚△、2，4-二氯酚△、2，4，6-三氯酚△、五氯酚△、对硝基酚△
6. 硝基苯类	硝基苯△、对硝基甲苯△、2，4-二硝基甲苯、三硝基甲苯、对硝基氯苯△、2，4-二硝基氯基△
7. 苯胺类	苯胺△、二硝基苯胺△、对硝基苯胺△、2，6-二氯硝基苯胺
8. 多环芳烃	萘、荧蒽、苯并（b）荧蒽、苯并（k）荧蒽、苯并（a）芘△、茚并（1，2，3-c，d，）芘、苯并（g，h，i）芘
9. 酞酸酯类	酞酸二甲酯、酞酸二丁酯△、酞酸二辛酯△
10. 农药	六六六△、滴滴涕△、敌敌畏△、乐果△、对硫磷△、甲基对硫磷△、除草醚△、敌百虫△
11. 丙烯腈	丙烯腈
12. 亚硝胺类	N-亚硝基二丙胺、N-亚硝基二正丙胺
13. 氰化物	氰化物
14. 重金属及其化合物	砷及其化合物△、铍及其化合物△、镉及其化合物△、铬及其化合物△、铜及其化合物△、铅及其化合物△、汞及其化合物△、镍及其化合物△、铊及其化合物

第三节　水环境监测分析方法的特点及选择

　　在水环境监测工作中，纯物理性质测定的工作量是比较少的，绝大部分工作是对污染组分的化学分析。因此，下面对水环境监测分析方法的特点及选择作概括介绍。

一、水环境监测分析基本方法及特点

用于水环境监测的分析方法可分为两大类：一类是化学分析法；另一类是仪器分析法（也叫作物理化学分析法）。

（一）化学分析法

化学分析法是以化学反应为基础的分析方法，分为称量分析法和滴定分析法两种。

1. 称量分析法

称量分析法是将待测物质以沉淀的形式析出，经过过滤、烘干，用天平称其质量，通过计算得出待测物质含量的方法。称量分析法的准确度比较高，但其操作烦琐、费时，它主要用于废水中悬浮固体、残渣、油类等的测定。

2. 滴定分析法（又称容量分析）

滴定分析法是将一种已知准确浓度的溶液（标准溶液），滴加到含有被测物质的溶液中，根据反应完全时消耗标准溶液的体积和浓度，计算出被测物质含量的方法。滴定分析方法简便，测定结果的准确度也较高，不需贵重的仪器设备，因此被广泛采用，是一种重要的分析方法。根据化学反应类型的不同，滴定分析分为酸碱滴定、络合滴定、沉淀滴定和氧化还原滴定 4 种方法。该种方法主要用于水中酸碱度、氨氮、化学需氧量、生化需氧量、溶解氧、S^{2-}、Cr^{6+}、氰化物、氯化物、硬度及酚的测定。

滴定分析法成功的关键，就是要准确地找到理论终点，换言之，就是要努力使滴定终点与理论终点相符合，否则就会产生误差。因此，进行滴定分析时，首先要选择正确的分析方法，即所选用的化学反应本身能够反应完全，并且不发生副反应；其次要选择合适的指示剂，它应能在理论终点附近突然变色；最后要能够正确而熟练地进行滴定操作，还可以准确地判断颜色的变化，并能及时停止滴定。

（二）仪器分析法

仪器分析法是利用被测物质的物理或物理化学性质来进行分析的方

法，例如，利用光学性质、电化学性质等。由于这类分析方法一般需要较精密的仪器，因此称为仪器分析法。

仪器分析法的发展非常迅速，各种新方法、新型仪器不断研制成功，使监测技术更趋于快速、灵敏、准确。在仪器分析法中使用较多的是光学分析法、电化学分析法、色谱分析法等，其他方法也有不同程度的应用。

1. 光学分析法

光学分析法是根据物质发射、吸收辐射能，或物质与辐射能相互作用建立的分析方法。光学分析法主要有以下几种。

（1）分光光度法。分光光度法是利用棱镜或光栅等单色器获得单色光来测定物质对光的吸收能力的方法。它的基本依据是物质对不同波长的光具有选择性吸收作用。在水环境监测中可用它测量许多污染物，如砷、铬、镉、铅、汞、锌、铅、酚、硒、氟化物、硫化物等。尽管近年来各种新的分析方法不断出现，但分光光度法与原子吸收分光光度法、气相色谱法和电化学分析法仍然是水环境监测的 4 大主要分析方法。

（2）原子光谱法。原子光谱法包括原子发射光谱法、原子吸收光谱法和原子荧光光谱法。目前应用最多的是原子吸收光谱法。

原子吸收光谱法又称原子吸收分光光度法，它是基于待测组分的基态原子对待测元素的特征谱线的吸收程度来进行定量分析的一种方法。该方法能满足微量分析和痕量分析的要求，在水环境监测中被广泛应用。到目前为止，它能测定 70 多种元素，如工业废水和地表水中的镉、汞、砷、铅、锰、钴、铬、铜、锌、铁、铝、锶、钒、镁等的测定。

发射光谱法是根据气态原子受热或电激发时发射出的紫外光和可见光光域内的特征辐射来对元素进行定性和定量分析的一种方法。由于近年来等离子体新光源的应用，使等离子体发射光谱法（ICP-AES）发展很快，已用于清洁水、废水、底质、生物样品中多元素的同时测定。

原子荧光光谱法是根据被辐射激发的原子在返回基态的过程中发射出来的一种波长相同或不同的特征辐射（荧光）的发射强度对待测元素进行定量分析的一种方法。该方法还可以利用各元素的原子发射不同波长的荧光进行定性分析。原子荧光分析对锌、镉、镁等具有很高的灵敏度。

（3）分子光谱法。分子光谱法包括红外吸收、可见和紫外吸收、分子荧光等方法。可见和紫外吸收的应用最为广泛。

可见和紫外吸收光谱法也称可见—紫外分光光度法，以物质对可见和紫外区域辐射的吸收为基础，根据吸收程度对物质进行定量分析。

分子荧光光谱法是根据某些物质（分子）被辐射激发后发射出的波长相同或不同的特征辐射（分子荧光）的强度对待测物质进行定量分析的一种方法。在水环境分析中主要用于强致癌物质——苯并（a）芘、硒、铵、油类的测定。

红外吸收光谱是以物质对红外区域辐射的吸收为基础的方法。例如，应用该原理已制成了 CO、SO_2、油类等专用监测仪器。

2. 电化学分析法

电化学分析法是利用物质的电化学性质测定其含量的方法。这类方法在水环境监测中的应用非常广泛，所属方法也很多，常用的有以下4种。

（1）电导分析法。电导分析法是通过测量溶液的电导（电阻）来确定被测物质含量的方法，如水质监测中电导率的测定。

（2）电位分析法。电位分析法是由一个指示电极和一个参比电极与试液组成化学电池，根据电池电动势（或指示电极电位）对待测物质进行分析的方法。电位分析已广泛应用于水质的 pH 值、氟化物、氰化物、氨氮、溶解氧等的测定。

（3）库仑分析法。库仑分析法是在电解分析法的基础上发展起来的，是通过测量电解过程中待测物质发生电极反应所消耗的电量，根据法拉第定律计算被测物质含量的方法。可用于测定水环境中的化学需氧量和生化需氧量。

（4）溶出伏安法。溶出伏安法是用悬汞滴或其他固体微电极电解被测物质的溶液，根据所得到的电流—电位曲线来测定物质含量的方法。该方法灵敏度高，测定范围可达 $10^{-11} \sim 10^6$ mol/L，而且有较高的精度，检测限可达 10^{-12} mol/L，可用于测定水环境中的铜、锌、镉、铅等重金属离子和

Cl^-、Br^-、I^-、S^{2-}等阴离子。

3. 色谱分析法

色谱分析法是一种物理分离分析方法。它将混合物在互不相溶的两相（固定相与流动相）中吸收能力、分配系数或其他亲和作用的差异作为分离的依据，当待测混合物随流动相移动时，各组分在移动速度上产生差别而得到分离，从而进行定性、定量分析。

（1）气相色谱法。气相色谱法是一种新型分离分析技术，具有灵敏度与分离效能高、样品用量少、应用范围广等特点，已成为苯、二甲苯、多氯联苯、多环芳烃、酚类、有机氯农药、有机磷农药等有机污染物的重要分析方法。

（2）液相色谱法。液相色谱法是近代的色谱分析新技术。此法效率高、灵敏度高，可用于高沸点、不能气化、热不稳定的物质的分析。例如，多环芳烃、农药、苯并芘等。

（3）离子色谱法。离子色谱法是近年来发展起来的新技术。它是离子交换分离、洗提液消除干扰、电导法进行监测的联合分离分析方法。此法可用于水环境中多种物质的测定。一次进样可同时测定多种成分：阴离子如 F^-、Cl^-、Br^-、NO_2^-、NO_3^-、SO_3^{2-}、SO_4^{2-}、$H_2PO_4^-$；阳离子如 K^+、Na^+、NH_4^+、Ca_2^+、Mg^{2+} 等。

（4）色层分析法。色层分析法也叫层析法，是色谱法的一大分支，包括柱层析法、纸上层析法、薄层层析法和电泳层析法等。该方法不仅具有设备简单、便宜、操作方便、分离效果好等优点，而且检测灵敏度也较高。

除上述各类仪器分析法外，还有质谱分析法、中子活化分析法、放射化学分析法等。此外，还有水环境监测的各种专项分析仪器，如浊度计、溶解氧测定仪、化学需氧量测定仪、生化需氧量测定仪、总有机碳测定仪等。

化学分析法和仪器分析法各有其局限性，两者是相辅相成、互为补充的。可以说，化学分析法是基础，仪器分析法是发展方向。

二、水环境监测分析方法的选择

水环境污染物的分析是一个相当复杂的问题，主要表现在：①污染物含量的差距大，有的高达数千（mg/L，如污染源监测中的某些项目），有的低到零点零几，甚至更低，这就要求既要有适应高含量的测定方法，又要有适应低含量的测定方法，其中后者是更常见的；②试样的组成复杂，因此要求分析方法最好具有专属性，以便简化分析过程的预处理，从而加快分析速度；③试样数量大，待测组分多，工作量大，因此选择分析方法时，要权衡各种因素。

第一，为了使分析结果具有可比性，应尽可能采用标准分析方法。如因某种原因采用新方法时，必须经过方法验证和比对实验，证明新方法与标准方法或统一方法是等效的。在涉及污染纠纷的仲裁时，必须用国家标准分析方法。

第二，在某些项目的监测中，尚无"标准"和"统一"的分析方法时，可采用 ISO、美国 EPA 和日本 JIS 等体系中的其他等效分析方法，但应经过验证合格，其检出限、准确度和精密度应能达到质控要求。

第三，所选分析方法的灵敏度要满足准确定量的要求。在通常情况下，待测物的浓度越大，对分析结果的准确度要求越高；反之，准确度要求越低。因此，对于高浓度的成分，应选择不太灵敏的化学分析法，这样就可以避免高倍数稀释操作而引起大的误差。对于低浓度的成分，则可根据已有条件采用分光光度法、原子吸收法或其他仪器分析法。

第四，所选分析方法的抗干扰能力要强。该方法的选择性好，不但可以省去共存物质的预分离操作，而且能提高测定的准确度。但是完全没有干扰的、特效的分析方法是很少的，问题是要透彻了解分析对象的共存成分和含量水平，以及多大浓度才对待测成分产生干扰，并了解消除这些干扰的正确方法。

第五，对某些项目，在条件许可的情况下，尽可能采用单项成分测定仪。因为单项成分测定仪一般具有专属性，可避免组分的分离，提高工作效率。例如，汞的测定可采用冷原子吸收法或冷原子荧光法测汞仪进行测定。

第六，在多组分的测定中，应尽量选用同时兼有分离和测定的分析方法，如气相色谱法、高效液相色谱法等，以便在同一次分析操作中，能同时得到各个待测组分的分析结果。

第七，在经常性的测定中，或者待测项目的测定次数频繁时，要尽可能选择方法稳定、操作简便、易于普及、试剂无毒或毒性较小的方法。

三、水环境监测常用分析方法

按照监测方法所依据的原理，水环境监测常用的方法有化学法、电化学法、原子吸收分光光度法、离子色谱法、气相色谱法、等离子体发射光谱（ICP-AES）法等。其中，化学法（包括称量法、滴定法）和分光光度法目前在国内外水环境常规监测中已普遍被采用，占各项目测定方法总数的50%以上。各类分析方法在水环境监测中所占比重见表1-8。

表1-8　各类分析方法在水环境监测中所占比重

方法	中国水和废水监测分析方法		美国水和废水标准检验法（第15版）	
	测定项目数	比例（%）	测定项目数	比例（%）
称量法	7	3.9	13	7.0
滴定法	35	19.4	41	21.9
分光光度法	63	35.0	70	37.4
荧光光度法	3	1.7	—	—
原子吸收法	24	13.3	23	12.3
火焰光度法	2	1.1	4	2.1
原子荧光法	3	1.7	—	—
电极法	5	2.8	8	4.3
极谱法	9	5.0	—	—
离子色谱法	6	3.3	—	—
气相色谱法	11	6.1	6	3.2
液相色谱法	1	0.5	—	—

续表

方法	中国水和废水监测分析方法		美国水和废水标准检验法（第 15 版）	
	测定项目数	比例（％）	测定项目数	比例（％）
其他	11	6.1	22	11.8
合计	180	100	187	100

第四节　水质分析结果的表示与检验

一、水质分析结果的表示方法

（一）以被测组分的化学形式表示法

分析结果常以被测组分实际存在形式的含量表示。例如，测得试样中氮的含量以后，根据实际情况，以 NH_3、NO_3^-、N_2O_5 等形式的含量表示分析结果。电解质溶液分析结果常以所存在离子的含量表示，如以 K^+、Na^+、Ca^+、Mg^{2+}、SO_4^{2-} 等的含量表示。

（二）以被测组分含量的表示法

液体试样中被测组分含量有下列几种表示方法。

（1）被测组分 b 的质量分数 w（b）表示被测组分 b 的质量 m_b 与试样溶液的质量 m 之比。例如，w（HNO_3）= 70%，表示 100g 浓 HNO_3 溶液中含有 70g HNO_3 和 30g H_2O；w（NH_3）= 15%，表示 100g 氨水中含有 15g NH_3 和 85g H_2O。

（2）被测组分 b 的体积分数 φ（b）表示被测组分 b 的体积 V_b 与试样溶液的体积 V 之比。例如，φ（HCl）= 5%，即表示 100mL HCl 溶液中含有 5mL HC1，或表示为 φ（HCl）= 0.05，或表示为 φ（HCl）= $5 \cdot 10^{-2}$。

（3）被测组分 b 的质量浓度 ρ（b）表示被测组分 b 的质量与试样溶液的体积 V 之比。例如，ρ（NaCl）= 50g/L，即表示 1L NaCl 溶液中含

NaCl 50g。也可用 mg/L、mg/mL、μg/mL 或 μg/mL 表示。

此外，有些水质项目的分析结果还有另外一些单位，如电导率以"西（门子）/米"（S/m）表示，硬度和碱度就常用"度"等表示。

二、水质分析结果的统计要求

（一）异常值的判断和处理

一组监测数据中，个别数值明显偏离其所属样本的其余测定值，即为异常值。对异常值的判断和处理，参照 GB/T 4883—2008 进行。

较常采用 Grubbs 检验法和 Dixon 检验法。Grubbs 检验法可用于检验多组（组数 L）测量均值的一致性和剔除多组测量值均值中的异常值，也可用于检验一组测量值（个数）的一致性和剔除一组测量值中的异常值，检出的异常个数不超过 1；Dixon 检验法用于一组测量值的一致性检验和剔除一组测量值中的异常值，适用于检出一个或多个异常值。

检出异常值的统计检验的显著性水平 α（检出水平）的适宜取值是 5%。对检出的异常值，按规定以剔除水平 α 代替检出水平 α 进行检验，若在剔除水平下此检验是显著的，则判此异常值为高度异常。剔除水平 α 一般采用 1%。上述规则的选用应根据实际问题的性质，权衡寻找产生异常值原因的代价，正确判断异常值的得益和错误剔除正常值的风险。对于剔除多组测量值中精密度较差的一组数据，或对多组测量的方差一致性检验，则通常采用 Cochran 最大方差检验。

（二）分析结果的精密度表示

用多次平行测定结果进行相对偏差计算的公式：

$$相对偏差（\%）= \frac{x_i - \bar{x}}{\bar{x}} \times 100$$

式中，x_i——某一测量值；

$\bar{x}$——多次测量值的均值。

一组测量值的精密度用标准偏差或相对标准偏差表示时的公式：

$$标准偏差\ s = \sqrt{\frac{1}{n-1}\sum_{i=1}^{n}(x_i - \bar{x})^2}$$

$$相对标准偏差\ RSD（\%）= \frac{s}{\bar{x}} \times 100$$

（三）分析结果的准确度表示

以加标回收率表示时的公式：

$$回收率\ P（\%）= \frac{加标式样的测定值-式样测量值}{加标量} \times 100$$

以相对误差表示时的公式：

$$相对误差（\%）= \frac{测定值-保证值}{保证值} \times 100$$

三、水质分析结果的检验

水质分析结果的检验要从两个方面来进行：一方面应对水样的采集、运送、贮存、仪器、试剂以及每个监测项目的分析测定等全过程作全面的检查，进行必要的分析质量控制；另一方面应根据化学的基本原理，利用同一水样各个被测项目之间的关系和规律，对水质分析结果的正确性和可靠性进行验证。

（一）pH 值与 HCO_3^- 及游离 CO_2 的校核

$$H_2CO_3 = H^+ + HCO_3^- \qquad K_1 = 4.45 \times 10^{-7}（25℃）$$

$$K_1 = \frac{[H^+][HCO_3^-]}{[H_2CO_3]} \qquad [H^+] = K_1 \frac{[H_2CO_3]}{[HCO_3^-]}$$

$$pH = pK_1 - \lg[CO_2] + \lg[HCO_3^-] = 6.35 - \lg[CO_2] + \lg[HCO_3^-]$$

一般天然水体，其 pH 值一般在 $6.5 \sim 8.5$ 范围内，此时，水体中 $[CO_3^{2-}]$ 近似为 0。只需考虑一级碳酸平衡：

$$HCO_3^- = H^+ + CO_3^{2-} \qquad K_2 = 4.69 \times 10^{-11}（25℃）$$

$$[H^+] = K_2 \frac{[HCO_3^-]}{[CO_3^{2-}]}$$

$$pH = pK_2 - \lg[HCO_3^-] + \lg[CO_3^{2-}] = 10.33 - \lg[HCO_3^-] + \lg[CO_3^{2-}]$$

对于某些碱性很强（pH>8.3）的水体，其中游离 CO_2 的浓度可忽略不计，只需考虑 HCO_3^- 与 CO_3^{2-} 的二级碳酸平衡，即式中 $[CO_2]$、$[H_2CO_3]$、$[HCO_3^-]$、$[CO_3^{2-}]$ ——水中游离二氧化碳、游离碳酸、重碳酸盐及碳酸盐的摩尔浓度（mol/L）。用上式进行检验时，pH 值计算值与测量值之差一般不应大于 0.2。由于用酸碱滴定法测定 CO_2 不易得到精确的结果（因为空气中 CO_2 对水样的污染与酚酸指示剂的等当点 pH=8.3 由酸向碱过渡不易掌握；对于高硬度的水，又可能产生 $CaCO_3$ 沉淀干扰），因此，本检验方法的误差可能较大。

（二）总硬度与总碱度的校核

水的总硬度与总碱度分别用钙镁离子总量及重碳酸根、碳酸根来表征。总硬度又分为暂时硬度（碳酸盐硬度）、永久硬度（非碳酸盐硬度）和负硬度（碳酸钠硬度、碳酸钾硬度）。其相互关系如下：

（1）当有永久硬度时，应没有负硬度，此时：

$$SO_4^{2-}+Cl^-+NO_3^->K^++Na^+$$

且永久硬度=总硬度−总碱度，暂时硬度=总碱度<总硬度。

（2）当有负硬度时，应没有永久硬度，此时：

$$SO_4^{2-}+Cl^-+NO_3^-<K^++Na^+$$

且总硬度=暂时硬度<总碱度，负硬度=总碱度−总硬度。

（3）当没有永久硬度和负硬度，只有暂时硬度，此时：

总碱度=总硬度，　　　　　　　　总硬度=总碱度=暂时硬度。

（4）硬度与碱度的关系，如表 1-9 所示。

表 1-9　水的硬度（H）与碱度（A）的关系

硬度存在形式	分析结果	永久硬度	暂时硬度	负硬度
永久硬度与暂时硬度共存	A<H	H−A	A	0
暂时硬度单独存在	A=H	0	A 或 H	0
暂时硬度与负硬度共存	A>H	0	H	A−H

（三）电导率与溶解固体的校核

电导是水溶液的电阻的倒数，水中溶解的盐类越多，离子也越多，电阻就越小，水的电导就越大。因此，测定水样的电导率可大致估计水的总含盐量，也可以间接表示水中溶解固体的多少。换言之，水样的电导率和溶解固体存在一定的相关关系。对于多数天然水来说，溶解固体与电导率之间的关系可用下面的经验公式估算：

$$TDS = （0.55 \sim 0.70）\gamma$$

式中，TDS——水中溶解固体，mg/L；

γ——25℃时水的电导率，S/m。

上式只是粗略地反映了溶解固体与电导率之间的数量关系，系数 0.55～0.70 随不同水质而异。如果水中含有较多的游离酸或苛性碱度，此系数可能小于 0.55；如果水中含有大量盐分，则又可能超过 0.7。一般估算时此值可取 0.67。

第二章

水环境监测与治理的技能实施

本章节从全国职业院校技能大赛"水环境监测与治理技术"赛项入手，结合水环境监测与治理职业技能等级标准以及相应的培训评价体系，简要描述水环境监测与治理的知识架构，强化技能训练。

第一节　工程图设计与设备安装

一、水处理工艺图纸绘制

（一）A²/O 工艺流程图绘制

1. 技能要求

根据给定的工艺和相关技术要求，选用并设计合理的水处理系统（会给出 A^2/O、A/O、SBR、MSBR 等其中一个系统），按照我国相关设计标准和城镇污水处理厂经验数据，运用 Office 2003 的 Excel 软件进行各构筑物设计计算、高程计算和图纸绘制。

2. 任务指引

（1）任务描述。启动制图软件，绘制工艺流程图。不同管路分别用不同的线型代号绘制，并标注相应管径，将文件另存为"考生姓名+流程图"。

（2）任务要求。已知天津市某教育园城市污水处理项目，日平均处理污水量为30000m³，启动AutoCAD软件，根据给定的DWG格式图形及有关数据，选用图中给定的AO工艺系统流程图，经过主要水处理构筑物的适当设计计算，得出有关数据。根据图纸给定的25个任务（见图2-1），补充绘制工艺流程图，要求所有图形及文字均采用白色，文字采用hztxt. shx字体，数字及英文采用romans. shx字体。不同管路分别用各种不同的线型代号绘制，管道线宽按图纸任务统一设定。本任务完成后，将文件另存为"考生姓名+流程图"，并转换成PDF格式，保存到对应文件夹中。

污水处理厂工艺流程图任务书				
注意：以下任务在污水处理厂工程流程图中完成。				
序号	任务内容	分值	得分	评判记录
1	补充完善图例中线型——WN——名称			
2	补充完善图例中线型——XH——名称			
3	补充完善图例中线型——CY——名称			
4	补充完善图例中线型 ——W——名称			
5	补充完善图例中线型——PAM——名称			
6	补充完善图例中线型——PAC——名称			
7	标出①处设备或附件名称			
8	标出②处设备或附件名称			
9	标出③处设备或附件名称			
10	标出④处设备或附件名称			
11	标出⑤处设备或附件名称			
12	标出⑥处设备或附件名称			
13	标出⑦处设备或附件名称			
14	标出⑧处设备或附件名称			
15	标出⑨处设备或附件名称			
16	标出⑩处设备或附件名称			
17	标出⑪处设备或附件名称			
18	标出⑫处设备或附件名称			
19	标出⑬处设备或附件名称			
20	标出⑭处设备或附件名称			
21	标出⑮处设备或附件名称			
22	标出⑯处设备或附件名称			
23	标出⑰处设备或附件名称			
24	标出⑱处设备或附件名称			
25	标出⑲处设备或附件名称			
特别提醒：完成任务后，将本文件命名为"考生姓名+流程图"，并转换成PDF格式，保存到"U盘：/考试程序"文件夹中	总分		考评员：　　复核： 监督：　　时间：	

图2-1　使用CAD补充绘制污水处理工艺流程图任务书

3. 评价体系

评判得分及记录见图 2-1。

（二）A/O 工艺高程图绘制

1. 技能要求

根据给定的工艺和相关技术要求，选用并设计合理的水处理系统（会给出 A/O、A^2O、SBR、MSBR 等其中一个系统），按照我国相关设计标准和城镇污水处理厂经验数据，运用 Office 2003 的 Excel 软件进行各构筑物设计计算、高程计算和图纸绘制。

2. 任务指引

（1）任务描述。启动制图软件，设定一个给定图幅，文件名为"考生姓名+高程图"，按一定比例绘制高程图，并在高程图上进行高程标注，要求所绘制的高程图在图中比例适中。

（2）任务要求。已知天津市某教育园城市污水处理项目，日平均处理污水量为 $30000m^3$，启动 AutoCAD 软件，根据给定的 DWG 格式图形及有关数据，选用 A/O 工艺系统，经过主要水处理构筑物的适当设计计算，得出有关数据，根据给定的任务书（见图 2-2）补充绘制高程布置图，要求所有图形及文字均采用白色，文字采用 hztxt. shx 字体，数字及英文采用 romans. shx 字体。不同管路分别用各种不同的线型代号绘制，管道线宽按图纸任务统一设定。为相应管道、构筑物及其水面、池底等要求部位标注标高，将文件命名为"考生姓名+高程图"，并转换成 PDF 格式，保存到对应文件夹中。

3. 评价体系

评判得分及记录见图 2-3。

（三）MSBR 工艺系统图绘制

1. 技能要求

根据给定的工艺和相关技术要求，选用并设计合理的水处理系统（会给出 A/O、A^2/O、SBR、MSBR 等其中一个系统），按照我国相关设计标准和城镇污水处理厂经验数据，运用 Office 2003 的 Excel 软件进行各构筑物设计计算、高程计算和图纸绘制。

2. 任务指引

（1）任务描述

根据侧面图和剖面图，并结合设备实物手绘完成 MSBR 水处理系统的系统图绘制（曝气系统不需绘制）。要求所绘制的高程图在图中比例适中。

序号	任务内容	分值	得分	评判记录
1	补充完善图例中线型 ——W——名称			
2	补充完善图例中线型 ——N——名称			
3	补充完善图例中线型 ——A——名称			
4	补充完善图例中线型 ——HW——名称			
5	标出①处建筑物名称			
6	标出②处建筑物名称			
7	标出③处建筑物名称			
8	标出④处建筑物名称			
9	标出⑤处建筑物名称			
10	标出⑥处建筑物名称			
11	根据图纸上所列条件，确定并补充⑦处标高			
12	根据图纸上所列条件，确定并补充⑧处标高			
13	根据图纸上所列条件，确定并补充⑨处标高			
14	根据图纸上所列条件，确定并补充⑩处标高			
15	根据图纸上所列条件，确定并补充⑪处标高			
16	根据图纸上所列条件，确定并补充⑫处标高			
17	根据图纸上所列条件，确定并补充⑬处标高			
18	根据图纸上所列条件，确定并补充⑭处标高			
19	根据图纸上所列条件，确定并补充⑮处标高			
20	根据图纸上所列条件，确定并补充⑯处标高			
21	根据图纸上所列条件，确定并补充⑰处标高			
22	根据图纸上所列条件，确定并补充⑱处标高			
23	根据图纸上所列条件，确定并补充⑲处标高			
24	根据图纸上所列条件，确定并补充㉑处标高			
25	根据图纸上所列条件，确定并补充㉒处标高			
特别提醒：完成任务后，将本文件命名为"考生姓名+高程图"，并转换成 PDF 格式，保存到"U盘:/考试程序"文件夹中		总分		考评员：　　复核： 监督：　　　时间：

污水处理厂工艺流程图任务书

注意：以下任务在污水处理厂工程流程图中完成。

图 2-2　使用 CAD 补充绘制污水处理工艺高程图任务书

（2）任务要求。系统图应绘制在赛场所提供的 A3 坐标纸上。绘图应符合《给水排水制图标准》（GB/T 50106—2001），字迹工整。

二、水处理工艺高程计算与图纸绘制

（一）技能要求

根据给定的工艺和相关技术要求，选用并设计合理的水处理系统（会给出 A/O、A^2/O、SBR、MSBR 等其中一个系统），按照我国相关设计标准和城镇污水处理厂经验数据，运用 Office 2003 的 Excel 软件进行各构筑物设计计算、高程计算和图纸绘制。

（二）任务指引

1. 任务描述

拟建设规模为 10 万 m^3/d 的污水处理站 1 座，采用 A/O 处理工艺。经计算，构筑物的沿程及局部水力损失见表 2-1，外河最高水位为 7.1m。各构筑物的池底或池顶的标高如下：

计量槽：槽中最大水深 0.42m，超高 0.5m；

消毒池：消毒池最大水深 2m，超高 0.5m；

二沉池：二沉池水损 0.6m，超高 0.5m，池总深 5.7m；

氧化沟：氧化沟水损 0.50m，超高 0.5m，水深 4.5m；

配水井：配水井超高 0.3m，水深 5m；

沉砂池：沉砂池水损 0.20m，超高 0.3m，水深 3.39m；

细格栅后：格栅至沉砂池水损 0.1m，水深 1.0m；

细格栅前：过栅水损为 0.26m，水深 1.0m，超高 0.3m；

进水泵房：污水厂进水管水面标高为 3.98m；中格栅前水面标高为 3.90m，过栅水损 0.08m，水深 0.4m；考虑潜污泵安装要求，水深为 3m。

2. 任务要求

①完成表 2-1 中总水损、构筑物水面上端高程、构筑物水面下端高程的数值计算；②污水处理厂的设计地面高程为 7.5m。根据上述材料，在 A3 坐标纸中绘制该污水处理厂的污水处理段高程布置图（水面标高、池底标高、池顶标高），要求标高绘图比例为 1:100，其余示意即可，构筑物之间要有管道连接并带有水流方向，要求参照图 2-3 绘制各构筑物。

表 2-1　各构筑物水面高程计算过程表

管段	管长（m）	单位水损（m）	沿程水损与局部水损（m）	下端构筑水损（m）	总水损（m）	上端高程（m）	下端高程（m）
外河—计量槽	100	0.0012	0.14	0.10		7.10	
计量槽—消毒池	8	0.0012	0.01	0.30			
消毒池—二沉池	105	0.0016	0.20	0.60			
二沉池—氧化沟	170	0.0016	0.30	0.50			
氧化沟—配水井	90	0.0016	0.17	0.20			
配水井—沉砂池	40	0.0016	0.07	0.20			
沉砂池—细格栅后	0	0	0	0.10			
细格栅后—细格栅前	0	0	0	0.26			

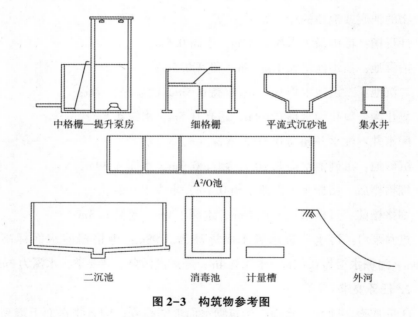

图 2-3　构筑物参考图

（三）评价体系

1. 评分表

竖流式沉淀池设计计算评分表见表 2-2。

表 2-2　竖流式沉淀池设计计算评分表

内容	要求	分值
A²/O 工艺高程图的绘制	评分要点：系统图方向、系统图管径、标高、立管编号标注、图例正确。每绘错一处扣 0.2 分，扣完为止	

2. 参考答案

各构筑物水面高程计算过程见表 2-3。

表 2-3　各构筑物水面高程计算过程表

管段	管长（m）	单位水损（m）	沿程水损与局部水损（m）	下端构筑水损（m）	总水损（m）	上端高程（m）	下端高程（m）
外河—计量槽	100	0.0012	0.14	0.10	0.24	7.10	7.34
计量槽—消毒池	8	0.0012	0.01	0.30	0.31	7.34	7.65
消毒池—二沉池	105	0.0016	0.20	0.60	0.80	7.65	8.45
二沉池—氧化沟	170	0.0016	0.30	0.50	0.80	8.45	9.25
氧化沟—配水井	90	0.0016	0.17	0.20	0.37	9.25	9.62
配水井—沉砂池	40	0.0016	0.07	0.20	0.27	9.62	9.89
沉砂池—细格栅后	0	0	0	0.10	0.10	9.89	9.99
细格栅后—细格栅前	0	0	0	0.26	0.26	9.99	10.25

三、水处理工艺设备安装

（一）A/O 工艺设备安装

1. 技能要求

根据平台给定的 A/O 工艺装配图及装配工艺要求，进行曝气头、填料、流量计、传感器等器件的装配与工艺管道（污水管、空气管、污泥管）的连接。

2. 任务指引

考生根据现场设备和任务书要求，选择相应的管件、管材和器件，根据图 2-4 完成 A/O 系统相应的管路连接和系统器件安装，连接完成确认无误后举手请考评员确认签字，并记录在表 2-4 中（注意：加引号的内容为接头名称，与平台后面的接头标签对应）。

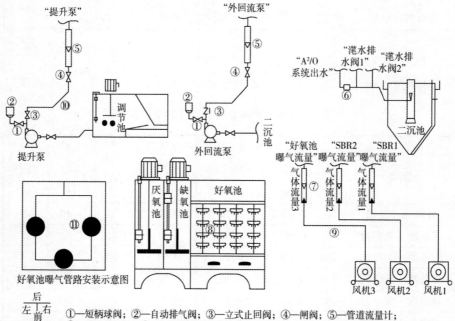

图 2-4　设备装配图

表 2-4　安装连接完成确认表

序号	项目	考生签"是"或"否"	考评员签字
1	器件、管道安装完成 □是　□否		
2	填料安装完成 □是　□否		
3	电极安装完成 □是　□否		

①根据提供的组合型填料原料、细管和白绳子，利用工具完成好氧池填料安装，要求每串填料悬挂 4 片，共 48 片，间距要相等，绳子要拉直，且各条填料上下位置均衡。

②仪器安装，要求将在线式 DO 仪（三）、在线式 DO 仪（四）对应的 DO 传感器依次安装在接头 14、17 处。

③"外回流泵"出口接至接头 15 处。

【特别提示】

①此任务操作时，不得通水通电。

②不锈钢复合管管路连接正确，要横平竖直，曝气管路（硬管）两两之间间距相等。

③阀门、流量计、器件安装要与图中一致，要求安装牢固且不倾斜。同时，加药口用 $\Phi6$ 堵头堵住，检修口用 4 分塑料堵头堵住。

④PU 气管管路连接正确，材料最省。

⑤PU 气管管路水流禁止短流。

⑥管道、器件连接处密封不漏水、不渗水、不漏气。

3. 评价体系

（1）评分表见表 2-5。

表 2-5　污水处理工艺设备部件与管道连接评分表

序号	考核项目	知识点（技能点）	评分标准	分值	备注
1	器件安装与管道连接	提升泵管路液体流量计安装	正确安装液体流量计。流向正确得 0.1 分，标尺方向朝正后方，得 0.3 分，错误得 0.1 分	0.4	
		外回流泵管路液体流量计安装	正确安装液体流量计。流向正确得 0.1 分，标尺方向朝左方，得 0.5 分，错误得 0.1 分	0.6	

序号	考核项目	知识点（技能点）	评分标准	分值	备注
1	器件安装与管道连接	提升泵管路闸阀安装	正确安装闸阀。闸阀手柄方向朝正后方，得0.4分，错误得0.1分	0.4	
		外回流泵管路闸阀安装	正确安装闸阀。闸阀手柄方向朝正左方，得0.6分，错误得0.1分	0.6	
		提升泵管路立式止回阀安装	正确安装止回阀。止回阀的指示方向朝左方，得0.25分，错误得0.1分	0.25	
		外回流泵管路立式止回阀安装	正确安装止回阀。止回阀的指示方向朝右方，得0.25分，错误得0.05分	0.25	
		提升泵管路短柄球阀安装	正确安装短柄球阀。短柄球阀的红色手柄朝正上且向右方，共1处，得0.5分，错误得0.1分	0.5	
		外回流泵管路短柄球阀安装	正确安装短柄球阀。短柄球阀的红色手柄朝正上且向右方，共1处，得0.5分，错误得0.1分	0.5	
		提升泵管路自动排气阀安装	正确安装自动排气阀。自动排气阀的气嘴朝正后方，得0.5分，错误得0.1分	0.5	
		外回流泵管路自动排气阀安装	正确安装自动排气阀。自动排气阀的气嘴朝正右方，得0.5分，错误得0.1分	0.5	

序号	考核项目	知识点（技能点）	评分标准	分值	备注
1	器件安装与管道连接	气体流量计安装	正确安装气体流量计。流向正确且不倾斜得 0.3 分，错误得 0.1 分，标尺方向朝正前方，得 0.2 分，错误得 0 分	0.5	
		好氧池曝气盘安装	正确安装曝气盘，总共 3 个，三个安装在管路的中间得 0.8 分，错误得 0.2 分，接口连接不漏气得 0.8 分，漏气得 0.2 分	1.6	
		复合管道连接	复合管道连接完成，管路连接正确，错或漏 1 处扣 0.2 分，共 2 分，扣完为止；复合管道连接走向要横平竖直且牢靠，发现 1 处不符合要求扣 0.2 分，共 1 分，扣完为止	3	
		提升泵管路加药口	正确安装加药口，并安装在不锈钢复合管的中间，并用堵头堵住得 0.5 分，错误或没有安装得 0 分	0.5	
		风机 3 管路检修口	正确安装检修口，安装在不锈钢复合管的中间，并用 4 分塑料堵头堵住得 0.5 分，错误或没有安装得 0 分	0.5	
		PU 软管管路连接	PU 软管管路连接完成，管路连接正确，接头禁止缠绕生料带，错或漏 1 处扣 0.3 分，扣完为止	2.5	

序号	考核项目	知识点（技能点）	评分标准	分值	备注
1	器件安装与管道连接	PU软管连接顺畅	PU管连接顺畅不折弯，错1处扣0.2分，扣完为止	1	
		管道连接	每空0.05分，扣完为止	1.5	
2	填料安装	安装数量	填料安装数量为48片，共2分，少1片扣0.1分，扣完为止	2	
		安装间距	盘片间距要相等，共0.5分，错1处扣0.1分，扣完为止	0.5	
		安装牢固	绳子拉直且牢固，共0.5分，未拉直1处扣0.1分，扣完为止	0.5	
3	电极安装	氧电极安装	氧电极安装于正确接口，共0.4分，错或漏1处扣0.2分，扣完为止	0.4	
4	接头生料带缠绕考核		生料带露头、外露太多，1处扣0.02分	1	
5	合计			20	

（2）污水处理工艺流程设计任务参考答案见表2-6（每空0.05分，共1.5分）。

表2-6　污水处理工艺流程设计任务参考答案

构筑物三维图				
构筑物名称	格栅调节池	平流式沉砂池	A^2/O 生物反应器	竖流式二沉池
出水口接头编号	5	7	24、16	58

构筑物三维图			
构筑物名称	砂滤柱		设备布置方向
出水口接头编号	65		
接头编号的先后顺序：1→5→6→7→13→24→27→16→59→58→62→65			
混合液回流进出口编号：进口 32；出口 30			
污泥回流进出口编号：进口 60；出口 15 或 22			

（二）A²/O 工艺设备安装

1. 技能要求

根据平台给定的 A²/O 工艺装配图及装配工艺要求，进行曝气头、填料、流量计、传感器等器件的装配与工艺管道（污水管、空气管、污泥管）的连接。

2. 任务指引

考生根据现场设备和任务书要求，选择相应的管件、管材和器件，根据图 2-5 和表 2-8 完成 A²/O 系统相应的管路连接和系统器件安装，并完成表 2-8 中的考核内容，所有器件管道安装、连接完成确认无误后举手请考评员确认签字，并记录在表 2-7 中（注意：加引号的内容为接头名称，与平台后面的接头标签对应）。

表 2-7　安装连接完成确认表

序号	项目	考生签"是"或"否"	考评员签字
1	器件、管道安装完成　□是　□否		
2	填料安装完成　□是　□否		
3	电极安装完成　□是　□否		

①根据提供的组合型填料原料、细管和白绳子，利用工具完成好氧池填料安装，要求每串填料悬挂4片，共48片，间距要相等，绳子要拉直，且各条填料上下位置均衡。

②仪器安装，要求将在线式DO仪（一）、在线式DO仪（四）对应的DO传感器依次安装在接头11、17处。

【特别提示】

①此任务操作时，不得通水通电。

②不锈钢复合管管路连接正确，要横平竖直，曝气管路（硬管）两两之间间距相等。

③阀门、流量计、器件安装要与图中一致，要求安装牢固且不倾斜。同时，加药口用$\Phi6$堵头堵住，检修口用4分塑料堵头堵住。

④PU气管管路连接正确，材料最省。

⑤PU气管管路水流禁止短流。

⑥管道、器件连接处密封不漏水、不渗水、不漏气。

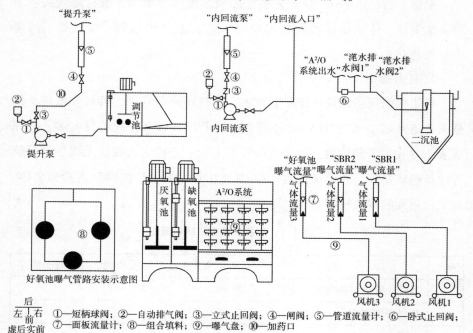

①—短柄球阀；②—自动排气阀；③—立式止回阀；④—闸阀；⑤—管道流量计；⑥—卧式止回阀；⑦—面板流量计；⑧—组合填料；⑨—曝气盘；⑩—加药口

图2-5 设备装配图

表 2-8 污水处理工艺流程设计任务

①根据下面提供的污水处理构筑物示意图，选择适当的接口，完成 A²/O 污水处理工艺流程连接，注意水流短流现象。

②各构筑物的进水口接口编号分别为 1、6、12、59、62（其中原水从接口编号 1 处进水），请合理选用出水口，并写出出水口接口编号。

③按照工艺流程填写出所连接的接口编号的先后顺序（只需完成与 A²/O 系统相关的接口，其他的无须完成，多写不得分）

构筑物三维图				
构筑物名称				
出水口接头编号				
构筑物三维图				设备布置方向
构筑物名称				
出水口接头编号				

接头编号的先后顺序：____→____→____→____→____→____→____→____→____
→____→____→____→____→____

混合液回流进出口编号：进口____出口____

污泥回流进出口编号：进口____出口____

3. 评价体系

（1）评分表见表 2-9。

表 2-9 污水处理工艺设备部件与管道连接评分表

序号	考核项目	知识点（技能点）	评分标准	分值	备注
1	器件安装与管道连接	提升泵管路液体流量计安装	正确安装液体流量计。流向正确得 0.1 分，标尺方向朝正后方，得 0.3 分，错误得 0.1 分	0.4	

序号	考核项目	知识点（技能点）	评分标准	分值	备注
1	器件安装与管道连接	外回流泵管路液体流量计安装	正确安装液体流量计。流向正确得 0.1 分，标尺方向朝左方，得 0.5 分，错误得 0.1 分	0.6	
		提升泵管路闸阀安装	正确安装闸阀。闸阀手柄方向朝正后方，得 0.4 分，错误得 0.1 分	0.4	
		外回流泵管路闸阀安装	正确安装闸阀。闸阀手柄方向朝正左方，得 0.6 分，错误得 0.1 分	0.6	
		提升泵管路立式止回阀安装	正确安装止回阀。止回阀的指示方向朝左方，得 0.25 分，错误得 0.1 分	0.25	
		外回流泵管路立式止回阀安装	正确安装止回阀。止回阀的指示方向朝右方，得 0.25 分，错误得 0.05 分	0.25	
		提升泵管路短柄球阀安装	正确安装短柄球阀。短柄球阀的红色手柄朝正上且向右方，共 1 处，得 0.5 分，错误得 0.1 分	0.5	
		外回流泵管路短柄球阀安装	正确安装短柄球阀。短柄球阀的红色手柄朝正上且向右方，共 1 处，得 0.5 分，错误得 0.1 分	0.5	
		提升泵管路自动排气阀安装	正确安装自动排气阀。自动排气阀的气嘴朝正后方，得 0.5 分，错误得 0.1 分	0.5	

续表

序号	考核项目	知识点（技能点）	评分标准	分值	备注
1	器件安装与管道连接	外回流泵管路自动排气阀安装	正确安装自动排气阀。自动排气阀的气嘴朝正右方，得 0.5 分，错误得 0.1 分	0.5	
		气体流量计安装	正确安装气体流量计。流向正确且不倾斜得 0.3 分，错误得 0.1 分，标尺方向朝正前方，得 0.2 分，错误得 0 分	0.5	
		好氧池曝气盘安装	正确安装曝气盘，总共 3 个，三个安装在管路的中间得 0.8 分，错误得 0.2 分，接口连接不漏气得 0.8 分，漏气得 0.2 分	1.6	
		复合管道连接	复合管道连接完成，管路连接正确，错或漏 1 处扣 0.2 分，共 2 分，扣完为止；复合管道连接走向要横平竖直且牢靠，发现 1 处不符合要求扣 0.2 分，共 1 分，扣完为止	3	
		提升泵管路加药口	正确安装加药口，并安装在不锈钢复合管的中间，并用堵头堵住得 0.5 分，错误或没有安装得 0 分	0.5	
		风机 3 管路检修口	正确安装检修口，安装在不锈钢复合管的中间，并用 4 分塑料堵头堵住得 0.5 分，错误或没有安装得 0 分	0.5	

序号	考核项目	知识点（技能点）	评分标准	分值	备注
1	器件安装与管道连接	PU 软管管路连接	PU 软管管路连接完成，管路连接正确，接头禁止缠绕生料带，错或漏 1 处扣 0.3 分，扣完为止	2.5	
		PU 软管连接顺畅	PU 管连接顺畅不折弯，错 1 处扣 0.2 分，扣完为止	1	
		管道连接	每空 0.05 分，扣完为止	1.5	
2	填料安装	安装数量	填料安装数量为 48 片，共 2 分，少 1 片扣 0.1 分，扣完为止	2	
		安装间距	盘片间距要相等，共 0.5 分，错 1 处扣 0.1 分，扣完为止	0.5	
		安装牢固	绳子拉直且牢固，共 0.5 分，未拉直 1 处扣 0.1 分，扣完为止	0.5	
3	电极安装	氧电极安装	氧电极安装于正确接口，共 0.4 分，错或漏 1 处扣 0.2 分，扣完为止	0.4	
4	接头生料带缠绕考核		生料带露头、外露太多，1 处扣 0.02 分	1	
5	合计			20	

（2）污水处理工艺流程设计任务参考答案见表 2-10（每空 0.05 分，共 1.5 分）。

表 2-10　污水处理工艺流程设计任务参考答案

构筑物三维图				
构筑物名称	格栅调节池	平流式沉砂池	A²/O 生物反应器	竖流式二沉池

续表

出水口接头编号	5	7	19、15、25	58
构筑物三维图				左 后 前 右
构筑物名称	砂滤柱			设备布置方向
出水口接头编号	65			
接头编号的先后顺序：1→5→6→7→12→19→22→15→18→25→59→58→62→65				
混合液回流进出口编号：进口32；出口30				
污泥回流进出口编号：进口60；出口28				

（三）SBR 工艺设备安装

1. 技能要求

根据平台给定的 SBR 工艺装配图及装配工艺要求，进行曝气头、填料、流量计、传感器等器件的装配与工艺管道（污水管、空气管、污泥管）的连接。

2. 任务指引

考生根据现场设备和任务书要求，选择相应的管件、管材和器件，根据图 2-6 和表 2-12 完成 SBR 系统相应的管路连接和系统器件安装，并完成表 2-12 中的考核内容，所有器件管道安装、连接完成确认无误后举手请考评员确认签字，并记录在表 2-11 中（注意：加引号的内容为接头名称，与平台后面的接头标签对应）。

表 2-11 安装连接完成确认表

序号	项目	考生签"是"或"否"	考评员签字
1	器件、管道安装完成 □是 □否		
2	填料安装完成 □是 □否		
3	电极安装完成 □是 □否		

①根据赛场提供的组合型填料原料、细管和白绳子，利用工具完成好氧池填料安装，要求每串填料悬挂 4 片，共 48 片，间距要相等，绳子要拉直，且各条填料上下位置均衡。

②仪器安装，要求将在线式 DO 仪（一）、在线式 DO 仪（三）对应的 DO 传感器依次安装在接头 40、47 处。

【特别提示】

①此任务操作时，不得通水通电。

②不锈钢复合管管路连接正确，要横平竖直，曝气管路（硬管）两两之间间距相等。

③阀门、流量计、器件安装要与图中一致，要求安装牢固且不倾斜。同时，加药口用 Φ6 堵头堵住，检修口用 4 分塑料堵头堵住。

④PU 气管管路连接正确，材料最省。

⑤PU 气管管路水流禁止短流。

⑥管道、器件连接处密封不漏水、不渗水、不漏气。

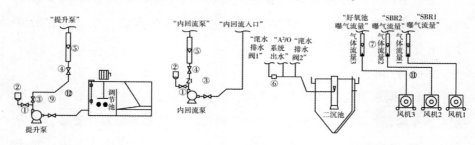

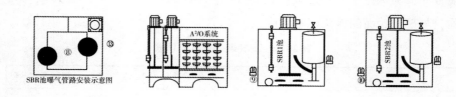

①—短柄球阀；②—自动排气阀；③—立式止回阀；④—闸阀；⑤—管道流量计；⑥—卧式止回阀；⑦—面板流量计；⑧—组合填料；⑨—SBR1进水阀；⑩—SBR2进水阀；⑪—检修口；⑫—加药口；⑬—曝气盘

图 2-6　设备装配图

表2-12　污水处理工艺流程设计任务

①根据下面提供的污水处理构筑物示意图，选择适当的接口，完成SBR污水处理工艺流程连接，注意水流短流现象。

②各构筑物的进水口接口编号分别为1、7、41、53、59、62（其中原水从接口编号1处进水），请合理选用出水口，并写出出水口接口编号。

③按照工艺流程填写出所连接的接口编号的先后顺序（当出现一个出水口进入两个进水口时，则要求将两个进水口编号填写在同一空格中，以此类推，注意，只需填写与本系统相关的内容，无须多写）

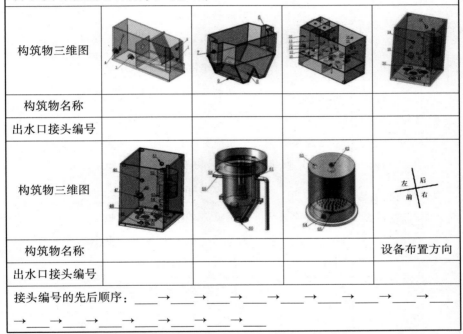

构筑物三维图			
构筑物名称			
出水口接头编号			
构筑物三维图			设备布置方向
构筑物名称			
出水口接头编号			
接头编号的先后顺序：___→___→___→___→___→___→___→___→___→___→___→___→___			

3. 评价体系

（1）评分表见表2-13。

表2-13　污水处理工艺设备部件与管道连接评分表

序号	考核项目	知识点（技能点）	评分标准	分值	备注
1	器件安装与管道连接	提升泵管路液体流量计安装	正确安装液体流量计。流向正确得0.1分，标尺方向朝正后方，得0.3分，错误得0.1分	0.4	

序号	考核项目	知识点（技能点）	评分标准	分值	备注
1	器件安装与管道连接	内回流泵管路液体流量计安装	正确安装液体流量计。流向正确得0.1分，标尺方向朝左方，得0.5分，错误得0.1分	0.6	
		提升泵管路闸阀安装	正确安装闸阀。闸阀手柄方向朝正后方，得0.4分，错误得0.1分	0.4	
		内回流泵管路闸阀安装	正确安装闸阀。闸阀手柄方向朝正左方，得0.6分，错误得0.1分	0.6	
		提升泵管路立式止回阀安装	正确安装止回阀。止回阀的指示方向朝左方，得0.25分，错误得0.1分	0.25	
		内回流泵管路立式止回阀安装	正确安装止回阀。止回阀的指示方向朝右方，得0.25分，错误得0.05分	0.25	
		提升泵管路短柄球阀安装	正确安装短柄球阀。短柄球阀的红色手柄朝正上且向右方，共1处，得0.5分，错误得0.1分	0.5	
		内回流泵管路短柄球阀安装	正确安装短柄球阀。短柄球阀的红色手柄朝正上且向右方，共1处，得0.5分，错误得0.1分	0.5	
		提升泵管路自动排气阀安装	正确安装自动排气阀。自动排气阀的气嘴朝正后方，得0.5分，错误得0.1分	0.5	

续表

序号	考核项目	知识点（技能点）	评分标准	分值	备注
1	器件安装与管道连接	内回流泵管路自动排气阀安装	正确安装自动排气阀。自动排气阀的气嘴朝正右方，得0.5分，错误得0.1分	0.5	
		气体流量计安装	正确安装气体流量计。流向正确且不倾斜得0.3分，错误得0.1分；标尺方向朝正前方，得0.2分，错误得0分	0.5	
		电磁阀安装	正确安装进水电磁阀。电磁阀流向指示方向正确且线圈朝正上方，共4处，错1处扣0.25分，扣完为止	1	
		SBR池曝气盘安装	正确安装曝气盘，总共2个，2个不在一条水平线上得0.5分，错误得0.2分；接口连接不漏气得0.5分，漏气得0.2分	1	
		复合管道连接	复合管道连接完成，管路连接正确，错或漏1处扣0.2分，共2分，扣完为止；复合管道连接走向要横平竖直且牢靠，发现1处不符合要求扣0.2分，共1分，扣完为止	3	
		提升泵管路加药口	正确安装加药口，并安装在不锈钢复合管的中间，并用Φ6堵头堵住得0.5分，错误或没有安装得0分	0.5	
		风机2管路检修口	正确安装检修口，安装在不锈钢复合管的中间，并用4分塑料堵头堵住得0.5分，错误或没有安装得0分	0.5	

序号	考核项目	知识点（技能点）	评分标准	分值	备注
1	器件安装与管道连接	PU 软管管路连接	PU 软管管路连接完成，管路连接正确，接头禁止缠绕生料带，错或漏 1 处扣 0.3 分，扣完为止	2.5	
		PU 软管连接顺畅	PU 管连接顺畅不折弯，错 1 处扣 0.2 分，扣完为止	1	
		管道连接	每空 0.05 分，扣完为止	1.5	
2	填料安装	安装数量	填料安装数量为 48 片，共 2 分，少 1 片扣 0.1 分，扣完为止	2	
		安装间距	盘片间距要相等，共 0.5 分，错 1 处扣 0.1 分，扣完为止	0.5	
		安装牢固	绳子拉直且牢固，共 0.5 分，未拉直 1 处扣 0.1 分，扣完为止	0.5	
3	电极安装	氧电极安装	氧电极安装于正确接口，共 0.4 分，错或漏 1 处扣 0.2 分，扣完为止	0.4	
4	接头生料带缠绕考核		生料带露头、外露太多，1 处扣 0.02 分	0.6	
5	合计			20	

（2）污水处理工艺流程设计任务参考答案见表 2-14（每空 0.05 分，共 1.5 分）。

表 2-14 污水处理工艺流程设计任务参考答案

构筑物三维图				
构筑物名称	格栅调节池	平流式沉砂池		SBR1 池

出水口接头编号	5	6		43
构筑物三维图				左 后 前 右
构筑物名称	SBR2 池	束流二沉池	砂滤柱	设备布置方向
出水口接头编号	55	58	65	
接头编号的先后顺序：1→5→7→6→41、53→43、55→59→58→62→65				

（四）MSBR 工艺设备安装

1. 技能要求

根据平台给定的 MSBR 工艺装配图及装配工艺要求，进行曝气头、填料、流量计、传感器等器件的装配与工艺管道（污水管、空气管、污泥管）的连接。

2. 任务指引

考生根据现场设备和任务书要求，选择相应的管件、管材和器件，根据图 2-7 和表 2-16 完成 MSBR 系统相应的管路连接和系统器件安装，并完成表 2-16 中的考核内容，所有器件管道安装、连接完成确认无误后举手请考评员确认签字，并记录在表 2-15 中（注意：加引号的内容为接头名称，与平台后面的接头标签对应）。

表 2-15　安装连接完成确认表

序号	项目	考生签"是"或"否"	考评员签字
1	器件、管道安装完成 □是 □否		
2	填料安装完成 □是 □否		
3	电极安装完成 □是 □否		

①根据赛场提供的组合型填料原料、细管和白绳子，利用工具完成好氧池的填料正确安装，要求每串填料悬挂 3 片，总共 36 片，间距要相等，绳子要拉直，且各条填料上下位置均衡。

②仪器安装，要求将在线式 DO 仪（二）、在线式 DO 仪（四）对应的 DO 传感器依次安装在接头 17、47 处。

【特别提示】

①此任务操作时，不得通水通电。

②不锈钢复合管管路连接正确，要横平竖直，曝气管路（硬管）两两之间间距相等。

③阀门、流量计、器件安装要与图中一致，要求安装牢固且不倾斜。同时，加药口用 Φ6 堵头堵住，检修口用 4 分塑料堵头堵住。

④PU 气管管路连接正确，材料最省。

⑤PU 气管管路水流禁止短流。

⑥管道、器件连接处密封不漏水、不渗水、不漏气。

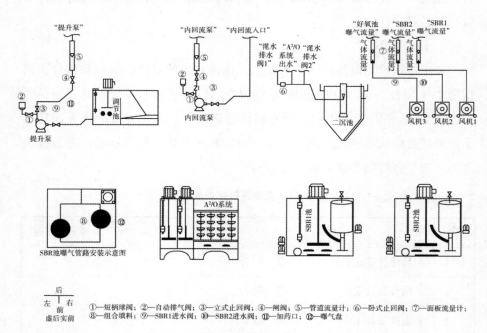

图 2-7　设备装配图

表 2-16 污水处理工艺流程设计任务

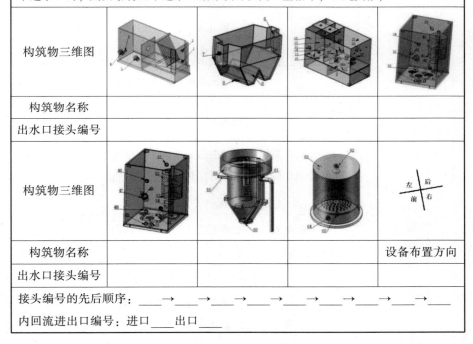

①根据下面提供的污水处理构筑物示意图，选择适当的接口，完成 MSBR 污水处理工艺流程连接，注意水流短流现象。

②各构筑物的进水口接口编号分别为 1、6、12、22、18、41、53、59、62（其中原水从接口编号 1 处进水），请合理选用出水口，并写出出水口接口编号。

③按照工艺流程填写出所连接的接口编号的先后顺序（当出现一个出水口进入两个进水口时，则要求将两个进水口编号填写在同一空格中，以此类推）

构筑物三维图				
构筑物名称				
出水口接头编号				
构筑物三维图				设备布置方向
构筑物名称				
出水口接头编号				

接头编号的先后顺序：____→____→____→____→____→____→____→____

内回流进出口编号：进口____ 出口____

3. 评价体系

（1）评分表见表 2-17。

表 2-17 污水处理工艺设备部件与管道连接评分表

序号	考核项目	知识点（技能点）	评分标准	分值	备注
1	器件安装与管道连接	提升泵管路液体流量计安装	正确安装液体流量计。流向正确得 0.1 分，标尺方向朝正后方，得 0.3 分，错误得 0.1 分	0.4	

序号	考核项目	知识点（技能点）	评分标准	分值	备注
1	器件安装与管道连接	内回流泵管路液体流量计安装	正确安装液体流量计。流向正确得0.1分，标尺方向朝左方，得0.5分，错误得0.1分	0.6	
		提升泵管路闸阀安装	正确安装闸阀。闸阀手柄方向朝正后方，得0.4分，错误得0.1分	0.4	
		内回流泵管路闸阀安装	正确安装闸阀。闸阀手柄方向朝正左方，得0.6分，错误得0.1分	0.6	
		提升泵管路立式止回阀安装	正确安装止回阀。止回阀的指示方向朝左方，得0.25分，错误得0.1分	0.25	
		内回流泵管路立式止回阀安装	正确安装止回阀。止回阀的指示方向朝右方，得0.25分，错误得0.05分	0.25	
		提升泵管路短柄球阀安装	正确安装短柄球阀。短柄球阀的红色手柄朝正上且向右方，共1处，得0.5分，错误得0.1分	0.5	
		内回流泵管路短柄球阀安装	正确安装短柄球阀。短柄球阀的红色手柄朝正上且向右方，共1处，得0.5分，错误得0.1分	0.5	
		提升泵管路自动排气阀安装	正确安装自动排气阀。自动排气阀的气嘴朝正后方，得0.5分，错误得0.1分	0.5	

续表

序号	考核项目	知识点（技能点）	评分标准	分值	备注
1	器件安装与管道连接	内回流泵管路自动排气阀安装	正确安装自动排气阀。自动排气阀的气嘴朝正右方，得0.5分，错误得0.1分	0.5	
		气体流量计安装	正确安装气体流量计。流向正确且不倾斜得0.3分，错误得0.1分；标尺方向朝正前方，得0.2分，错误得0分	0.5	
		电磁阀安装	正确安装进水电磁阀。电磁阀流向指示方向正确且线圈朝正上方，共4处，错1处扣0.25分，扣完为止	1	
		SBR池曝气盘安装	正确安装曝气盘，总共2个，2个不在一条水平线上得0.5分，错误得0.2分；接口连接不漏气得0.5分，漏气得0.2分	1	
		复合管道连接	复合管道连接完成，管路连接正确，错或漏1处扣0.2分，共2分，扣完为止；复合管道连接走向要横平竖直且牢靠，发现1处不符合要求扣0.2分，共1分，扣完为止	3	
		提升泵管路加药口	正确安装加药口，并安装在不锈钢复合管的中间，并用Φ6堵头堵住得0.5分，错误或没有安装得0分	0.5	
		风机2管路检修口	正确安装检修口，安装在不锈钢复合管的中间，并用4分塑料堵头堵住得0.5分，错误或没有安装得0分	0.5	

序号	考核项目	知识点（技能点）	评分标准	分值	备注
1	器件安装与管道连接	PU 软管管路连接	PU 软管管路连接完成，管路连接正确，接头禁止缠绕生料带，错或漏 1 处扣 0.3 分，扣完为止	2.5	
		PU 软管连接顺畅	PU 管连接顺畅不折弯，错 1 处扣 0.2 分，扣完为止	1	
		管道连接	每空 0.05 分，扣完为止	1.5	
2	填料安装	安装数量	填料安装数量为 36 片，共 2 分，少 1 片扣 0.1 分，扣完为止	2	
		安装间距	盘片间距要相等，共 0.5 分，错 1 处扣 0.1 分，扣完为止	0.5	
		安装牢固	绳子拉直且牢固，共 0.5 分，未拉直 1 处扣 0.1 分，扣完为止	0.5	
3	电极安装	氧电极安装	氧电极安装于正确接口，共 0.4 分，错或漏 1 处扣 0.2 分，扣完为止	0.4	
4	接头生料带缠绕考核		生料带露头、外露太多，1 处扣 0.02 分	0.6	
5	合计			20	

（2）污水处理工艺流程设计任务参考答案见表 2-18（每空 0.05 分，共 1.5 分）。

表 2-18　污水处理工艺流程设计任务参考答案

构筑物三维图				
构筑物名称	格栅调节池	平流式沉砂池	A^2/O 生物反应器	SBR1 池

续表

出水口接头编号	5	7	19、15、25	43
构筑物三维图				
构筑物名称	SBR2 池	竖流式二沉池	砂滤柱	设备布置方向
出水口接头编号				
接头编号的先后顺序：1→5→6→7→12→49→22→15→18→25→41、53→59→58→62→65				
内回流进出口编号：进口 32　出口 30				

第二节　自动化控制及设施运维

一、控制系统

（一）系统概述

水环境监测与治理技术综合实训平台可以组合成三套完整的控制系统（A²/O 系统、SBR 系统、MSBR 系统）供学生做相应的实验实训。自动控制系统主要由电气控制柜、触摸屏、按钮、状态指示灯、PLC、模拟量输入模块、模拟量输出模块、调速模块、直流继电器、交流继电器、增压泵、风机、标准减速电机、调速电机、计量泵、传感器（浮球式液位开关、pH 探头、溶解氧探头、压力变送器）、MCGS 组态监控软件等组成。通过控制系统可实现对水环境监测与治理系统的自动化控制。控制系统分手动和自动两种工作状态，在手动工作状态下，可通过触摸屏调试界面观看和操作各部分电气元件的工作状态。手动工作状态主要用于系统的调试运行；在自动工作状态下，可通过 PLC 控制器和组态软件实现设备的控制与状态检测。无论在手动状态下还是在自动状态下，控制柜上的指示灯均可指示设备的工作状态。

（二）A²/O 工艺控制系统

1. A²/O 系统工作原理

本系统工艺结构主要是由原水箱、格栅、调节池、平流式沉砂池、厌氧池、缺氧池、好氧池、竖流式二沉池、砂滤柱等组成。电气控制主要由控制柜、进水阀、计量泵、调节池搅拌电机、浮球式液位开关、厌氧池搅拌电机、缺氧池搅拌电机、好氧池曝气盘和风机等组成。其自动控制流程见图 2-8。

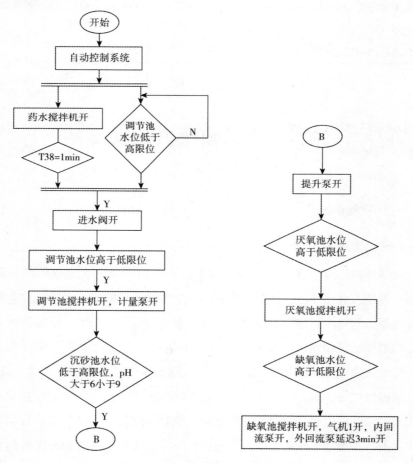

图 2-8　A²/O 系统自动控制流程

2. A^2/O 工艺控制系统操作步骤

①检查系统管路连接、接线以及各电气元件状态。

②将控制柜电源插入电源单相三线，带接地线，电流 10A 以上的插座。

③打开计算机和控制柜上的空气开关。

④用 PC/PPI 电缆将 S7-200CPU224XP 主机连接到计算机的串口上，打开 S7-200 编程软件（STEP7-MicroWIN），将 A^2/O 系统样例控制程序下载到 S7-200CPU224XP 主机上。

⑤用 USB 线将 TPC1062Ks 触摸屏连接到计算机的 USB 口上，打开触摸屏工程组态软件（MCGSE7.2），将样例触摸屏组态工程下载到 TPC1062Ks 触摸屏。断电后插上自制的 TPC1062Ks 触摸屏与 S7-200CPU224XP 主机通信线并上电。

⑥将系统设置为手动工作状态，在触摸屏调试界面窗口查看各限位输入信号并按下相关按钮启动相应的设备确认是否运行正确。观察并确保增压泵在工作状态下管路无漏水现象，确保搅拌电机搅拌方向正确，将系统设置为自动工作状态。

⑦通过面板上面的按钮或者触摸屏上的自动控制界面启动、停止、复位整个系统。

⑧打开 MCGS 组态软件，运行组态工程，进入主界面，按下相应按钮切换到相关监控界面进行监控。

⑨启动系统后，可打开触摸屏数据监控界面查看相应仪表的数据变化。

（三）SBR 工艺控制系统

1. SBR 系统工作原理

SBR 系统工艺结构由原水箱、格栅、调节池、加药箱、沉砂池、SBR1 池、SBR2 池、SBR1 池浑水器、SBR2 池浑水器、二沉池、砂滤柱组成，电气控制主要由控制柜、进水阀、计量泵、调节池搅拌电机、浮球式液位开关、SBR1 池调速搅拌电机、SBR2 池调速搅拌电机、SBR1 池和 SBR2 池曝气盘、风机等组成。其自动程序控制流程见图 2-9。

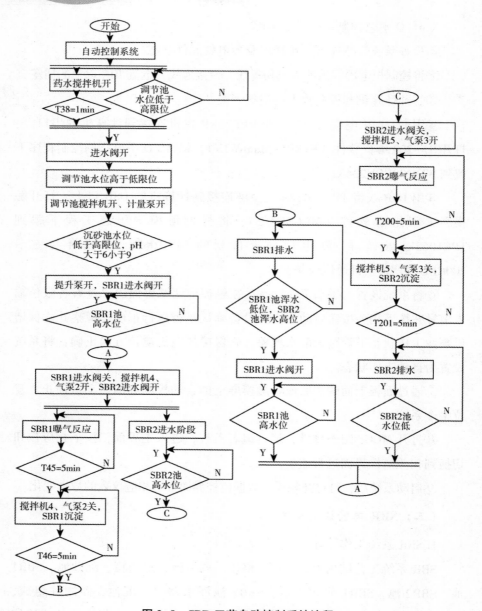

图 2-9 SBR 工艺自动控制系统流程

2. SBR 系统操作步骤

①检查系统管路连接、接线以及各电气元件状态。

②将控制柜电源插入电源单相三线，带接地线，电流 10A 以上的插座。

③打开计算机和控制柜上的空气开关。a. 用 PC/PPI 电缆将 S7-200CPU224XP 主机连接到计算机的串口上，打开 S7-200 编程软件（STEP7-MicroWIN），将 SBR 系统样例控制程序下载到 S7-200CPU224XP 主机上。b. 用 USB 线将 TPC1062Ks 触摸屏连接到计算机的 USB 口上，打开触摸屏工程组态软件（MCGSE7.2），将样例触摸屏组态工程下载到 TPC1062KS 触摸屏。断电后插上自制的 TPC1062Ks 触摸屏与 S7-200CPU224XP 主机通信线并上电。

④将系统设置为手动工作状态，在触摸屏调试界面窗口查看各限位输入信号并按下相关按钮启动相应的设备确认是否运行正确。观察并确保增压泵在工作状态下管路无漏水现象，确保搅拌电机搅拌方向正确，将系统设置为自动工作状态。

⑤通过面板上面的按钮或者触摸屏上的自动控制界面启动、停止、复位整个系统。

⑥打开 MCGS 组态软件，运行组态工程，进入主界面，按下相应按钮切换到相关监控界面进行监控。

⑦启动系统后，可打开触摸屏数据监控界面查看相应仪表的数据变化。

（四）MSBR 工艺控制系统

1. MSBR 系统工作原理

MSBR 系统工艺结构由原水箱、格栅、调节池、加药箱、沉砂池、厌氧池、缺氧池、好氧池、SBR1 池、SBR2 池、SBR1 池浑水器、SBR2 池浑水器、二沉池、砂滤柱组成，电气控制主要由控制柜、进水阀、计量泵、调节池搅拌电机、浮球式液位开关、厌氧池搅拌电机、缺氧池搅拌电机、好氧池曝气盘和风机、SBR1 池调速搅拌电机、SBR2 池调速搅拌电机、SBR1 池和 SBR2 池曝气盘、风机等组成。其自动程序控制工艺流程见图 2-10。

2. MSBR 系统操作步骤

①检查系统管路连接、接线以及各电气元件状态。

②将控制柜电源插入电源单相三线，带接地线，电流 10A 以上插座。

③打开计算机和控制柜上的空气开关。a. 用 PC/PPI 电缆将 S7 - 200CPU224XP 主机连接到计算机的串口上，打开 S7-200 编程软件（STEP7-MicroWIN），将 MSBR 系统样例控制程序下载到 S7-200CPU224XP 主机上。b. 用 USB 线将 TPC1062KS 触摸屏连接到计算机的 USB 口上，打开触摸屏工程组态软件（MCGSE7.2），将样例触摸屏组态工程下载到 TPC1062KS 触摸屏。断电后插上自制的 TPC1062KS 触摸屏与 S7-200CPU224XP 主机通信线并上电。

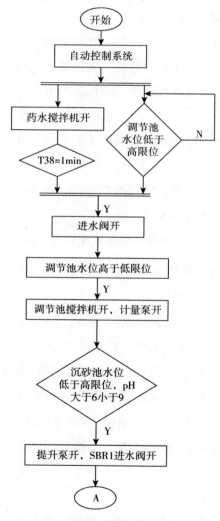

图 2-10　MSBR 系统自动控制工艺流程

④将系统设置为手动工作状态，在触摸屏调试界面窗口查看各限位输入信号并按下相关按钮启动相应的设备确认是否运行正确。观察并确保增压泵在工作状态下管路无漏水现象，确保搅拌电机搅拌方向正确，将系统设置为自动工作状态。

⑤通过面板上面的按钮或者触摸屏上的自动控制界面启动、停止、复位整个系统。

⑥打开 MCGS 组态软件，运行组态工程，进入主界面，按下相应按钮切换到相关监控界面进行监控。

⑦启动系统后，可打开触摸屏数据监控界面查看相应仪表的数据变化。

二、水处理系统调试运行

（一）A/O 工艺系统调试运行

1. 技能要求

根据任务书给定的 A/O 工艺系统，经现场裁判确认同意后进行通电运行，进行单机调试、故障检修和整机联动，使之能够正常完成工艺流程，并将在线监测数据记入表格。

2. 任务指引

根据现场竞赛设备和任务书要求，利用提供的电脑与工具，完成系统电源检测、通水调试、运行参数调节、过程数据记录等，系统运行完成以系统自动停机为终点。

（1）系统电源检测。对系统电源进行检测，并将结果填入表 2-19。

表 2-19　系统电源检测记录表

项目	实测数据	考生签字	考评员确认签字
熔断芯检测	—		
交流 220V 检测			
直流 24V 检测			

①本设备专用熔断芯的型号为 RT14-20（10A）。用万用表检测其性能，保证控制柜正常工作。

②用万用表完成电源输入检测。

用万用表完成交流电源 220V 和直流电源 24V 的检测，确保电源正常接入（注意操作前举手示意考评员，由考评员监督完成并签字）。

（2）程序修改与工程下载。

①在提供的 A/O 系统 PLC 控制程序中，根据网络 11、网络 12 的注释完成程序的编写，完成后保存并将程序下载到 PLC 中。

注意：如考生无法完成，举手示意考评员放弃该任务并在程序放弃操作记录表（见表 2-20）中签字，由考评员提供完整程序。

表 2-20　程序放弃操作记录表

项目	实测数据	考生签字	考评员确认签字
熔断芯检测	—		
交流 220V 检测			
直流 24V 检测			

②打开提供的触摸屏工程，下载到控制柜的触摸屏上。

（3）系统通水调试检测。进行系统通水调试，并将检测结果填入表 2-21。

①控制柜面板导线连接应正确。

②对象上相应器件运行情况应正常。

③管件、器件连接处应无漏水、不渗水。

④找出四处隐藏故障点，排除故障，完成调试，并填写系统维护日常记录单及放弃记录表（见表 2-22）。

注意：如考生无法完成，可举手示意考评员放弃该任务并在表 2-22 中签字，但需要计时 10min 后，经考评员确认，由指定技术人员排故。

表 2-21　系统调试操作记录表

序号	项目			考生签字	考评员签字
1	PLC 程序下载完成	□是	□否		
2	触摸屏工程下载完成	□是	□否		

序号	项目			考生签字	考评员签字
3	浮球液位开关测试完成	□是	□否		
4	器件通电、水泵试水完成	□是	□否		
5	水泵进出口管道试漏完成	□是	□否		
6	系统调试完成	□是	□否		

表 2-22　系统维护日常记录单及放弃记录表

序号	日期	维修人员		放弃记录　是□　否□			
	故障点位置	故障现象	解决方案	开始时间	结束时间	考生签字	考评员签字
1							
2							
3							
4							

（4）系统运行。确认系统运行，并将数据记录在表 2-23 中。

①记录自动开启时间。

②系统运行中，将提升泵出水流量调为 3.5L/min 左右，内回流泵出水流量调为 1L/min 左右，外回流泵出水流量调为 1L/min 左右、好氧池曝气流量调为 5.5L/min。

③测试缺氧池中溶解氧 DO 值并记录。

④测试好氧池中溶解氧 DO 值并记录。

⑤记录运行完成时间。

表 2-23　A/O 系统运行数据记录表

项目	测量/设置参数	考评员确认
自动开启时间		
自动停止时间		
提升泵出水流量		

续表

项目	测量/设置参数	考评员确认
内回流泵出水流量		
外回流泵出水流量		
好氧池曝气流量		
缺氧池 DO 值		
好氧池 DO 值		

（二）A²/O 工艺系统调试运行

1. 技能要求

根据给定的 A²/O 工艺系统，经考评员确认同意后进行通电运行，进行单机调试、故障检修和整机联动，使之能够正常完成工艺流程，并记录在线监测所得数据。

2. 任务指引

考生根据现场竞赛设备和任务书要求，利用提供的电脑与工具，完成系统电源检测、通水调试、运行参数调节、过程数据记录等，系统运行完成以系统自动停机为终点。

（1）系统电源检测。进行系统电源检测，并将数据填入表 2-24。

①本设备专用熔断芯的型号为 RT14-20（10A）。用万用表检测其性能，保证控制柜正常工作。

②用万用表完成交流电源 220V 和直流电源 24V 的检测，确保电源正常接入（注意：操作前举手示意裁判，由考评员监督完成并签字）。

表 2-24　系统电源检测记录表

项目	实测数据	考生签字	考评员确认签字
熔断芯检测			
交流 220V 检测			
直流 24V 检测			

（2）程序修改与工程下载。

①在提供的 A²/O 系统 PLC 控制程序中，根据网络 11、网络 12 的注释完成程序的编写，完成后保存并将程序下载到 PLC 中。

注意：如考生无法完成，举手示意考评员放弃该任务并在程序放弃操作记录表 2-25 中签字，由考评员确认后提供完整程序。

表 2-25　程序放弃操作记录表

序号	本任务此题	签字
1	放弃	考生签字：
2	考评员签字：	

②打开提供的触摸屏工程，下载到控制柜的触摸屏上。

（3）系统通水调试检测。进行系统通水调试检测，并将数据填入表 2-26。

①控制柜面板导线连接应正确。

②设备上相应器件运行情况应正常。

③管件、器件连接处应无漏水、不渗水。

表 2-26　系统调试操作记录表

序号	项目			考生签字	考评员签字
1	PLC 程序下载完成	□是	□否		
2	触摸屏工程下载完成	□是	□否		
3	浮球液位开关测试完成	□是	□否		
4	器件通电、水泵试水完成	□是	□否		
5	水泵进出口管道试漏完成	□是	□否		
6	系统调试完成	□是	□否		

④找出四处隐藏故障点，排除故障，完成调试，并填写表 2-27。

注意：如考生无法完成，可举手示意考评员放弃该任务并在表 2-27 中签字，但需要计时 10min 后，经考评员确认，由指定技术人员排故。

表 2-27　系统维护日常记录单及放弃记录表

| 序号 | 日期 | 维修人员 | | 放弃记录　是□　否□ | | | |
	故障点位置	故障现象	解决方案	开始时间	结束时间	考生签字	考评员签字
1							
2							
3							
4							

（4）系统运行。运行系统并将数据填入表 2-28。

①记录自动开启时间。

②系统运行中，将提升泵进出水流量调为 3.5L/min 左右，内回流泵出水流量调为 1L/min 左右，外回流泵出水流量调为 1L/min 左右，好氧池曝气流量调为 5.5L/min。厌氧池搅拌机为顺时针转动（从上往下看），缺氧池为逆时针转动（从上往下看）。

③测试厌氧池中溶解氧 DO 值并记录。

④测试好氧池中溶解氧 DO 值并记录。

⑤记录运行完成时间。

表 2-28　A^2/O 系统运行数据记录表

项目	测量/设置参数	考评员确认
自动开启时间		
自动停止时间		
提升泵出水流量		
内回流泵出水流量		
外回流泵出水流量		
好氧池曝气流量		

项目	测量/设置参数	考评员确认
厌氧池 DO 值		
好氧池 DO 值		

（三）SBR 工艺系统调试运行

1. 技能要求

根据任务书给定的 SBR 工艺系统，经现场考评员确认同意后进行通电运行，进行单机调试、故障检修和整机联动，使之能够正常完成工艺流程，并将在线监测数据记入表格。

2. 任务指引

考生根据现场竞赛设备和任务书要求，利用提供的电脑与工具，完成 SBR 系统电源检测、通水调试、运行参数调节、过程数据记录等，系统运行完成以系统自动停机为终点。

（1）系统电源检测。进行系统电源检测，并将记录填入表 2-29。

①本设备专用熔断芯的型号为 RT14-20（10A）。用万用表检测其性能，保证控制柜正常工作。

②用万用表完成电源输入检测。用万用表完成交流电源 220V 和直流电源 24V 的检测，确保电源正常接入（注意：操作前举手示意考评员，由考评员监督完成并签字）。

表 2-29　系统电源检测记录表

项目	实测数据	考生签字	考评员确认签字
熔断芯检测			
交流 220V 检测			
直流 24V 检测			

（2）程序修改与工程下载。

①在提供的 SBR 系统 PLC 控制程序中，根据网络 10、网络 11 的注释

完成程序的编写，完成后保存并将程序下载到 PLC 中。

注意：如考生无法完成，举手示意考评员放弃该任务并在程序放弃操作记录表（见表 2-30）中签字，考评员确认后，提供完整程序。

表 2-30　程序放弃操作记录表

序号	本任务此题	签字
1	放弃	考生签字：
2	考评员签字：	

②打开提供的触摸屏工程，下载到控制柜的触摸屏上。

（3）系统通水调试检测。系统通水调试，并将结果填入表 2-31。

①控制柜面板导线连接应正确。

②设备上相应器件运行情况应正常。

③管件、器件连接处应无漏水、不渗水。

④找出四处隐藏故障点，排除故障，完成调试，并填写系统维护日常记录单或放弃记录表（见表 2-32）。

注意：如考生无法完成，可举手示意考评员放弃该任务并在表 2-32 中签字，但需要计时 10min 后，经考评员确认，由指定技术人员排故。

表 2-31　系统调试操作记录表

序号	项目			考生签字	考评员签字
1	PLC 程序下载完成	□是	□否		
2	触摸屏工程下载完成	□是	□否		
3	浮球液位开关测试完成	□是	□否		
4	器件通电、水泵试水完成	□是	□否		
5	水泵进出口管道试漏完成	□是	□否		
6	系统调试完成	□是	□否		

表 2-32 系统维护日常记录单及放弃记录表

| 序号 | 日期 | 维修人员 | | 放弃记录 是□ 否□ | | | |
	故障点位置	故障现象	解决方案	开始时间	结束时间	考生签字	考评员签字
1							
2							
3							
4							

（4）系统运行。运行系统并将结果填入表 2-33。

①记录自动开启时间。

②系统运行中，将提升泵出水流量调为 3.5L/min 左右，SBR1 池曝气流量调为 4.5L/min，SBR2 池曝气流量调为 5.5L/min。

③测试 SBR1 池中 DO 值并记录。

④测试 SBR2 池中 DO 值并记录。

⑤记录运行完成时间。

表 2-33 SBR 系统运行数据记录表

项目	测量/设置参数	考评员确认
自动开启时间		
自动停止时间		
提升泵出水流量		
SBR1 池曝气流量		
SBR2 池曝气流量		
SBR1 池 DO 值		
SBR2 池 DO 值		

（四）MSBR 工艺系统调试运行

1. 技能要求

根据任务书给定的 MSBR 工艺系统，经现场考评员确认同意后进行通电运行，进行单机调试、故障检修和整机联动，使之能够正常完成工艺流程，并将在线监测数据记入表格。

2. 任务指引

考生根据现场竞赛设备和任务书要求，利用提供的电脑与工具，完成系统电源检测、通水调试、运行参数调节、过程数据记录等，系统运行完成以系统自动停机为终点。

（1）系统电源检测。进行系统电源检测，并将记录填入表 2-34。

①本设备专用熔断芯的型号为 RT14-20（10A）。用万用表检测其性能，保证控制柜正常工作。

②用万用表完成电源输入检测。用万用表完成交流电源 220V 和直流电源 24V 的检测，确保电源正常接入（注意：操作前举手示意考评员，由考评员监督完成并签字）。

表 2-34　系统电源检测记录表

项目	实测数据	参赛选手签工位号	裁判签字
熔断芯检测			
交流 220V 检测			
直流 24V 检测			

（2）程序修改与工程下载。

①在提供的 MSBR 系统 PLC 控制程序中，根据网络 10、网络 11 的注释完成程序的编写，完成后保存并将程序下载到 PLC 中。

注意：如考生无法完成，举手示意考评员放弃该任务并在程序放弃操作记录表（见表 2-35）中签字，由考评员确认后提供完整程序。

②打开提供的触摸屏工程，下载到控制柜的触摸屏上。

表 2-35　程序放弃操作记录表

序号	本任务此题	签工位号
1	放弃	考生签工位号：
2	考评员签字：	

（3）系统通水调试。进行系统通水调试，并将记录填入表 2-36。

①控制柜面板导线连接应正确。

②设备上相应器件运行情况应正常。

③管件、器件连接处应无漏水、不渗水。

④找出四处隐藏故障点，排除故障，完成调试，并填写系统维护日常记录单或放弃记录表（见表 2-37）。

注意：如考生无法完成，可举手示意考评员放弃该任务并在表 2-37 中签字，但需要计时 10min 后，经考评员确认，由指定技术人员排故。

表 2-36　系统调试操作记录表

序号	项目		参赛选手签工位号	考评员签字
1	PLC 程序下载完成	□是　□否		
2	触摸屏工程下载完成	□是　□否		
3	浮球液位开关测试完成	□是　□否		
4	器件通电、水泵试水完成	□是　□否		
5	水泵进出口管道试漏完成	□是　□否		
6	系统调试完成	□是　□否		

表 2-37　系统维护日常记录单及放弃记录表

序号	日期	维修人员		放弃记录　　是□　否□			
	故障点位置	故障现象	解决方案	开始时间	结束时间	考生签工位号	考评员签字
1							

序号	日期	维修人员		放弃记录 是□ 否□			
	故障点位置	故障现象	解决方案	开始时间	结束时间	考生签工位号	考评员签字
2							
3							
4							

（4）系统运行及数据记录。运行系统，并将数据填入表2-38中。

①记录自动开启时间。

②系统运行中，将提升泵出水流量调为3.5L/min左右，内回流泵出水流量调为1.5L/min左右，好氧池曝气流量调为5.5L/mm，SBR1池曝气流量调为4.5L/min，SBR2池曝气流量调为5.5L/min。

③测试好氧池中溶解氧DO值并记录。

④测试SBR2池中溶解氧DO值并记录。

⑤记录运行完成时间。

表2-38　MSBR系统运行数据记录表

项目	测量/设置参数	考评员确认
自动开启时间		
自动停止时间		
提升泵出水流量		
内回流泵出水流量		
好氧池曝气流量		
SBR1池曝气流量		
SBR2池曝气流量		
好氧池DO值		
SBR2池DO值		

第三节　安全生产与应急处理

一、水处理安全生产措施

（一）水处理安全管理网络

建立健全水处理安全管理体系，实现安全工作"专管成线，群管成网"，横管到边、纵管到底的立体型管理网络。项目经理为安全生产第一责任人，项目副经理负责日常安全生产管理工作，水处理现场安全员对整个施工现场进行全方位的巡检，各班组长为本班组的兼职安全员。

（二）水处理安全生产责任制

建立、健全各级各部门的安全生产责任制，严格执行 JGJ 59—99 安全标准，责任落实到人。现场制订安全奖惩细则，配备专职安全员。项目部每月进行一次安全大检查。安全检查重点查隐患，查漏洞，查麻痹思想。安全员需被要求记载安全日记，安全活动要有详细的书面记录作为安全资料保留库存。

（三）进行形式多样的安全学习、宣传和教育

水处理项目部每周出一期安全通报，每月评选安全先进个人，对违章行为当日进行公开曝光。组织职工每周不少于 1 小时的安全学习，重点学习建设部 JGJ 59—99 安全检查新标准。

（四）水处理安全技术交底

工程设备的卸车、搬（吊）运等具有难度和危险性的作业必须有针对性地编制安全技术方案。

（五）水处理设立安全奖励基金

除对本单位内部实施奖励外，对业主方、工程监理、装修等外单位人

员，凡对我水处理公司项目安全管理提出合理化建议或发现事故隐患、阻止事故发生的同志也同样实施奖励，调动现场各方面的力量和积极因素共同确保安全生产。

（六）开展安全活动

积极开展好每年度的"安全周""安全月""百日安全无事故"活动。

（七）做好安全管理

正确做好现场安全防护、标记工作，"四口""五临边"的安全防护和安全警示标语必须齐全可靠，要求由安全员协助土建安全员共同对此工作进行动态管理。现场各类人员必须佩戴不同标识的安全标记；安全总值班要求戴黄底红字袖章，安全员戴绿底白字袖章，施工管理人员戴黄色安全帽，电工、电焊工戴兰色安全帽，管道工及其他工种戴白色安全帽，吊装指挥戴红色安全帽。

（八）水处理用电安全

水处理项目由安全员组织编制施工现场临时用电设计，水处理项目工程师审核，项目负责人会同业主和监理工程师确认后付诸实施。水处理安全用电基本原则：施工现场临时用电采用三相五线制电缆，三级配电二级保护。动力和照明系统分开设置。用电设备外壳必须进行接零保护，保护零线根据现场情况进行重复接地。施工用电采用标准施工配电箱和开关箱，电源线全部采用橡套软电缆线，严禁采用护套线或花线。碘钨灯不准移动式使用。局部范围需加强照度使用碘钨灯时必须将灯具固定使用，并用木质绝缘材料作灯杆。插座和开关，床头微型吊扇不准使用。施工现场临时用电必须由指定的有证值班电工进行操作，严禁无证操作和擅自操作。线路抢修和故障排除时原则上应断电作业，必须带电作业的，应由项目负责人批准，并派水处理专人进行监护。

二、水处理应急处理措施

水处理项目设置应急处理措施目的是防止重大生产安全事故发生，完善应急管理机制，迅速有效地控制水处理站可能发生的事故，保护员工人身和公司财产安全，尽快控制事态，尽量减小因突发事故对各用水设备的影响，尽早恢复正常生产秩序。

水处理设备在生产运行期间，因设备运行故障、管道破裂、阀门损坏、更换及突发事故等引起的对软水处理站构成重大影响和严重威胁的事件均属于应急处理范畴。应急措施如下：

（一）水泵正常运行，突然掉电

及时把水泵机旁操作箱转换开关打到零位，将其出水手动阀门全部关闭，并立即通知电工查明原因，及时通知当班调度人员；同时启动备用泵。

（二）缺水引起水压不足

抢修组人员到达现场后，如果发现泵运转正常，而压力达不到要求，说明故障是由缺水引起的，应立即打开进水管路短接阀，恢复供水并查明缺水原因。如果是由管路泄露引起，应立即通知相关用水设备负责人。如果时间允许，应紧急抢修，如果不能抢修，则向水池注水，尽量保证冷却水循环能维持较长时间。

（三）全厂停电引起停水

岗位人员接到通知后应立即检查各开关是否复位，将转换开关打到零位，做好随时送电、启动水泵的准备工作。

（四）水处理变压器故障引起停水

一部分抢修人员到低压配电室倒闸；一部分抢修人员在循环泵房待命。抢修组人员到低压配电室后，将刀闸转换到水处理备用电源上，合上备用电源刀闸、空气开关。循环泵房待命抢修组人员到循环泵房，待电送到后正常启动循环泵，恢复供水并通知相关领导，然后排查停电原因。

（五）低压控制柜故障引起停水

应急小组人员到达现场后，立即打开出水管路短接阀，断开故障控制柜电源，打开无故障电源柜备用泵出水阀，关闭故障电源柜所有泵进水阀，打开进水主管路短接阀，启动无故障电源柜备用泵，通知车间恢复生产，并组织抢修人员修复故障电源柜。

（六）在启动水泵时，电机电流过高，超过额定电流

这时应立即关闭水泵，启动备用泵，及时查明故障原因。

（七）管道漏水

包括焊缝脱焊、锈蚀漏水、管体漏水等形式，不管何种形式，都需要采用焊补工艺来封堵漏水。停水后，进行漏水点开挖，并按照以下顺序封堵漏水：准备钢制套筒材料→接口两侧打磨→配料→打口对接→焊补→试漏回填。

第三章

水污染的防治

第一节　水污染防治技术的发展

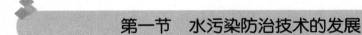

　　水污染防治技术是在人们对水污染危害的认识的基础上逐渐发展起来的。它经历了从最初的如何将废弃不用的水排出，到怎样才不至于使排出的水影响水质；从随着工业发展逐渐日新月异的污水防治技术，到今天我们站在可持续发展的高度而采取的一系列保护水资源的战略、措施等。

　　首先是排水问题。人们不断集聚生活，人口越来越多，用水量越来越大，那么很自然要面临如何排水的问题。人们从何时开始进行排水工程建设很难考证。考古发现，公元前2300年，中国先民就曾用陶土管敷设下水道。公元98年以前，在罗马曾建设巨大的城市排水渠和废水管道。但当时该排水工程的主要目的是排除城区的暴雨和冲洗街道的水，只有王宫和个别的私人生活污水与这些渠道连通。

　　排水工程与技术虽然开始得很早，但是其发展速度却十分缓慢，直至19世纪中叶均无显著的进展。早期的排水系统就是增加集流系统，通过已有的雨水管道排放城区的生活污水和粪便。这就形成了许多老城市的合流制排水系统。

最初，人们对城市污水不作任何处理就近排入河道，利用天然水体的自然净化能力消纳、净化污水。当排入的污水量较少时，河流有足够的自净能力，经过一段时间后，进入河水中的污染物会被消减掉，河水重新返清；但当污水量日益增加，污染物的量超过纳污河道的自净能力时，河水就会变得黑臭，长时间不能返清，最终成为一条城市的污水沟。随着城市规模的扩大和所排污水量的增加，更多、更长的污水沟形成，甚至成为纵横城市内外的污水沟网，它们将城市污水汇集到附近较大的河流，逐渐又使这些水体的水质变差，甚至变黑、变臭。例如，英国泰晤士河，曾一度受到严重污染，相当一段时间内鱼群消失。中国的许多城市目前仍在发生着类似的事情，许多城市区域内的河渠变成污水沟；许多城市附近的河流逐渐变得黑臭，有的终年黑臭，如中国上海的黄浦江，在 20 世纪 60 年代逐渐被污染，80 年代时每年黑臭期长达 150 天，而其支流苏州河终年黑臭。

流经各城市的河流象征城市的血脉，担当排污功能的河沟就像城市的静脉。大量排放未经处理的污水使城市的静脉变得黑臭，随后便影响到作为城市给水水源的清洁河流——城市的大动脉。城市污水对人类的健康甚至生命造成了严重的威胁。这使人们对污水和废水在排入天然水体前的处理净化提出了要求，人们开始关注污水处理与净化技术的研究。

早期的水污染主要是由水冲厕所产生的粪便污水引起的，因此，污水处理技术的研究也从处理或处置厕所污水开始。人们最早使用的方法是渗坑，也就是在地上挖一个土坑，让污水渗入地下，这种方法在多孔性土壤中令人满意，但在细颗粒土壤中便因坑壁堵塞问题而不适用。在这种条件下，人们又发明了化粪池。水在化粪池中沉淀，固体在池底消化，顶部溢流水排至专门的场地后渗入地下。目前，在某些乡村，在无下水道的城区，有的还在使用渗坑或化粪池。由于在化粪池中沉淀与消化在同一个池子里进行，池中气泡上升不利于沉淀，使出水水质不理想。为解决这一问题，人们又研究出了隐化池，即将沉淀与消化过程分开的构筑物，后来由此发展出了用于污水沉淀和污泥处置的构筑物和技术。污水的沉淀技术称为初级处理或称一级处理技术，可以说是污水处理技术的第一台阶。

一级水处理技术效率低，经一级处理后排水仍会对水体产生很大污染，仍不能解决日益加重的水污染问题，这促使人们寻求更进一步的污水处理技术，污水二级处理技术的研究就是在这样的社会和技术背景下开始的。

二级污水处理技术研究的突破发生于 19 世纪 90 年代。当时，有人注意到污水在砾石表面缓慢流动，当石子表面长有一层膜且与空气接触时，会使污水强度，即水污染物浓度迅速降低。于是人们就用填满石子的池子过滤污水，并将这种池子称为滴滤池，将这种工艺称为滴滤。现在一般将这种水处理装置称为生物滤池。处理城市污水的第一座生物滤池建于 19 世纪 10 年代。同期，人们在实验室中注意到，污水中发育出来的污泥团对水中有机质有着强亲和性。它们可显著地提高 BOD_5 的去除率。后来人们将这种污泥称为活性污泥，并发明了活性污泥法污水处理技术。活性污泥法可以说是水污染控制技术的一项重大发现。该技术的出现为城市污水的处理和净化找到了一种既经济又高效的方法，开辟了人类污水处理与净化技术发展的一个新纪元。

活性污泥法诞生后的 80 多年中，其基础和应用研究受到广泛重视，研究成果不断出现。活性污泥法的基本工艺不断改进，新工艺流程和单元设备不断推出，系统运行的控制与管理不断趋于自动化。19 世纪 30 年代出现阶段曝气法，1939 年在美国纽约开始实际应用；40 年代提出修正曝气法；50 年代发明了吸附再生法和氧化沟法；60 年代研制出高效机械曝气机；70 年代产生了纯氧曝气法、深井曝气法、流动床法，并制造出商品化的纯氧曝气系统；80 年代应防治水体富营养化的需要，人们又推出了可以有效脱氮脱磷的污水浓度处理工艺"厌氧—好氧"活性污泥法。

活性污泥法水处理技术是一种高效经济的水处理技术。在污水生化处理技术中其效率最高，BOD_5 一般在 $10\sim20\text{mg/L}$，最佳的可达 $5\sim7\text{mg/L}$。由于活性污泥法能够有效地净化污水，确保良好的处理水质，因此成为世界上普遍采用的一种水污染控制技术。世界各地建成了许多大型活性污泥法的城市污水处理厂、工业区污水处理厂，污水厂的规模从每天可处理几百吨到几百万吨不等。活性污泥法可以说是二级污水处理的主要技术，是当今水污染控制技术的一根支柱，它在未来水资源再生利用中也将起重要作用。

二级生化水处理技术除了活性污泥法之外，还有厌氧生化处理技术和生物膜法水处理技术，如生物转盘、生物接触氧化池及前面提到的生物滤池等，它们应用在许多中小型工业企业水处理和城市污水处理中。

目前，活性污泥法水处理技术正在向高新技术发展。人们正致力于不过多消耗能源、资源，不过分受水质水量变化和毒物影响，剩余污泥量少，能有效去除水中有机物和富营养化物质氮和磷，以及能去除更难分解的合成有机物，更加理想的活性污泥法技术。除了上面提到的"厌氧—好氧"式工艺外，正在研究开发的新型活性污泥法工艺还有间歇式工艺、高污泥浓度工艺、投加絮凝剂工艺、新型氧化沟工艺、微生物的固定化技术及与膜技术相结合的膜生物反应器工艺等。

总之，经过 100 年的发展，特别是近 30 年的发展，水污染控制技术已经系列化、系统化，已经有了从去除粗大颗粒物至溶解性杂质和离子的各种技术与方法。

第二节　水污染防治的基本途径和技术方法

废水也是一种水资源。废水中含有多种有用的物质，如果不经过处理就排放出去，不仅浪费水资源和其他资源，而且会污染环境。因此，必须重视废水的处理和重复利用，以及废水中污染物质的回收利用。

一、污水处理的基本途径

控制污染物排放量及减少污染源排放的工业废水量是控制水体污染最关键的问题。根据国内外的经验，主要有以下几个方面的措施。

①改革生产工艺，推行清洁生产，尽量不用水或少用易产生污染的原料及生产工艺。例如，采用无水印染工艺代替有水印染工艺，可消除印染

废水的排放。

②重复或循环用水，使废水排放量减至最少。根据不同生产工艺对水质的不同要求，将甲工段排出的废水送往乙工段，将乙工段产生的废水排入丙工段，实现一水多用。

③回收有用物质，尽量使流失在废水中的原料或成品与水分离，既可减少生产成本、增加经济收益，又可降低废水中污染物质的浓度，减轻污水处理的负担。

④合理利用水体的自净能力。在考虑控制水体污染的时候，必须同时考虑水体的自净能力，争取以较少的投资获得较好的水环境质量。以河流为例，河流的自净作用是指排入河流的污染物质浓度，在河水向下游流动过程中自然降低的现象。这种现象是由于污染物质进入河流后发生的一系列物理、化学、生物净化而形成的。利用水体的自净能力，一定要经过科学的评价、合理的规划和严格的管理。

二、污水处理技术方法

污水的处理技术方法有以下三类。

①物理处理法，是借助于物理的作用从废水中截留和分离悬浮物的方法。根据物质作用的不同，又可分为重力分离法、离心分离法和筛滤截留法等。属于重力分离法的处理单元有：沉淀、上浮（气浮、浮选）等，相应使用的处理设备是沉砂池、沉淀池、除油池、气浮池及其附属装置等。离心分离法本身就是一种处理单元，使用的处理装置有离心分离机和水旋分离器等。筛选截留法有栅筛截留和过滤两种处理单元，前者使用的处理设备是格栅、筛网，后者使用的设备是砂滤池和微孔滤机等。

②化学处理法，是通过化学反应和传质作用来去除废水中呈溶解、胶体状态的污染物质或将其转化为无害物质的废水处理法。在化学处理法中，以投加药剂发生化学反应为基础的处理单元是混凝、中和、氧化还原等；而以传质作用为基础的处理单元则有萃取、汽提、吹脱、吸附、离子交换以及电渗析和反渗透等。

③生物处理法，是通过微生物的代谢作用，使废水中呈溶解、胶体以

及微细悬浮状态的有机性污染物质，转化为稳定、无害物质的废水处理法。根据微生物的作用不同，生物处理法又可分为好氧生物处理法和厌氧生物处理法两种类型。

第三节　城市水污染控制技术与方法

城市水污染控制是水污染防治的一个重要内容。为谋求总体环境质量的改善而强化废水集中控制措施，是治理污染的必由之路，在城市水污染控制中，采取集中控制与分散治理相结合的方针，并逐步把集中控制和治理作为主要手段，是保护环境、控制污染的最佳途径之一。

城市水污染集中控制工程措施包括分散的点源治理措施，即集中控制措施要在一定的分散的基础上进行，将那些不适宜于集中控制的特殊污染废水处理好，污染集中控制措施才能达到事半功倍的效果。简言之，工业废水的处理是进行城市污水集中处理的先决条件。所以城市污染集中控制应采取源内预处理、行业集中处理、企业联合处理、城市污水处理厂、土地处理系统、氧化塘、污水排江排海工程等多种工程措施。

一、源内预处理

保证污水集中控制工程的正常运转，必须对重金属废水、含难生物降解的有毒有机废水、放射性废水、强酸性废水、含有粗大漂浮物和悬浮物的废水等进行源内重点处理，经源内预处理后，按允许排放标准排入城市排水管网或进入集中处理工程。

在城市废水中，电镀、冶金、染料、玻璃、陶瓷等行业废水中含有一定量的重金属，这些污染物在环境中易积累，不能生物降解，对环境污染较为严重；化工、农药、肥料、制药、造纸、印染、制革等行业则排放有机污染废水，其废水中含有一定量的难以生物降解的有毒有机物及金属污染物，它们对污水土地处理等集中控制工程的运转会产生不利影响，易在生物、土壤、农作物中蓄积，对环境污染较严重。因此，上述主要行业的废水应在源内进行预处理，再进入城市污水处理工程。另外，强酸性废水易腐蚀排水管道，而含粗大漂浮物和悬浮物的废水可造成排水管网堵塞，所以这两种废水必须在源内进行处理后再排入排水管网或集中处理工程。

二、主要行业废水的集中控制

行业的废水性质相似，便于集中控制。

电镀废水是污染环境的主要污染源之一。中国电镀行业的工厂（点）比较分散，电镀厂（车间）多，布局不尽合理，因此对于电镀废水可采用压缩厂点、合并厂点、集中治理的措施。对于小型电镀厂可予以合并，使生产集中，废水排放集中，然后采用效率较高的处理设施，实行一定规模的集中处理，这样既可提高产品质量，又可减少分散治理的非点源污染，产生较高的环境、经济效益。在一定区域范围内，根据污水的排量和分组，建设具有一定规模、类型不同的电镀污水处理厂，其可以是专业的也可以是综合的，以充分发挥处理厂的综合功能和效率。

纺织印染行业由于加工纤维原料、产品品种、加工工艺和加工方式不同，产生的废水的性质与组成变化很大。其废水的特征是：碱度高、颜色深，含有大量的有机物与悬浮物以及有毒物质，对环境危害极大。对小型纺织印染工厂可通过合并等方式实行集中控制。例如，天津市绢麻纺织厂等 5 家同行业的小厂，共投资 112 万元，建成日处理水量为 6000t 的污水处理站，对 5 家企业排放的废水实行集中处理；丹东市印染污水联合处理厂，对由棉、丝绸、针织、印染等 6 个厂家排放的印染废水集中处理，也收到了较好的效果。

造纸行业的主要污染物是 COD、SS 等，是中国污染最严重的行业之一，不仅污水量大、污染物浓度高，而且覆盖面广。目前在中国分散的造纸厂严重污染环境。国外生产实践表明，集中制浆、分散造纸是控制造纸行业水污染较成熟的方法。中小型造纸厂因为建造碱回收系统投资巨大，经济效益较差，所以在国外都采用大规模集中制浆，造纸厂集中控制的第一步是优化碱回收系统，既可减少环境污染，又能在经济效益上取得一定成效。

废乳化液是机械行业废水中较突出的污染源，虽然废乳化液问题不多，但是就目前全国现状来看，排放点多且面广，乳化液废水处理方法主要有电解法、磁分离法、超滤法、盐析法等。如果每个污染源都单独建造处理设施则经济上不合算，技术上也得不到保证。采用集中控制措施对乳化液实行集中治理，把各企业的环保补助资金集中起来，是最佳处理措施。

三、废水的联合或分区集中处理

对于布局相邻或较近的企业，在其废水性质相接近的条件下，可采取联合集中处理方法，即将各企业污染较大的水集中到一起进行处理。另外，也可以在一个汇水区或工业小区内，将全部企业所排放的污染较大的废水集中在一起进行处理。除了企业间的废水联合或分区集中处理外，也可采取企业间废水的串用或套用，将一个企业排放的废水作为另一个企业的生产用水，这样既减少了污水处理费用，又增加了水资源，可缓解水资源紧张的矛盾。

四、城市污水处理厂

城市污水处理厂是集中处理城市污水保护环境的最主要措施和必然途径，城市污水的处理按处理程度可分为：一级处理、二级处理、三级处理。

一级处理是城市污水处理的三个级别中的第一级，属于初级处理，也称预处理。主要采取过滤、沉淀等机械方法或简单的化学方法对废水进行处理，以去除废水中的悬浮或胶态物质，以及中和酸碱度，减轻废水的腐化程度和后续处理的污染负荷。污水经过一级处理后，通常达不到有关排放标准或环境质量标准。所以一般都把一级处理作为预处理。城市污水经过一级处理后，一般可去除 25% ~ 35% 的 BOD 和 40% ~ 70% 的 SS，但一般不能去除污水中呈溶解和胶体状态的有机物以及氯化物、硫化物等有毒物质。常用的一级处理方法有：筛选法、沉淀法、上浮法、预曝气体法。

二级处理，主要指生物处理。污水经过一级处理后进行二级处理，主要去除溶解性有机物，一般可以去除90%左右的可被生物分解的有机物，去除90%~95%的固体悬浮物。污水二级处理的工艺按BOD去除率可分为两类：一类为完全的二级处理，这一工艺可去除85%~90%的BOD，主要采用活性污泥法；另一类为不完全的二级处理，主要采用高负荷生物滤池等设施，其BOD去除率在75%左右。污水经过二级处理后，大部分可以达到排放标准，但很难去除污水中的重金属毒性和难以生物降解的有机物。同时在处理过程中，常使处理水出现磷、氟富营养化现象，有时还会含有病原体生物等。

三级处理，也称深度处理，是目前污水处理的最高级。主要是将二级处理后的污水，进一步用物理化学方法处理，主要去除可溶性无机物，难以生物降解的有机物、矿物质、病原体、氮磷和其他杂质。通过三级处理后的废水可达到工业用水或接近生活用水的水质标准。污水三级处理包括多个处理单元，即除磷、除氮、除有机物、除无机物、除病原体等。三级处理基建费和运行费都很高，约为相同规模二级处理厂的2~3倍。因此，三级处理受到经济承受能力的限制。是否进行污水三级处理，采取什么样的处理工艺流程，主要考虑经济条件、处理后污水的具体用途或去向。为了保护下游饮用水源或浴场不受污染，应采取除磷、除毒物、除病原体等处理单元过程，如只为防止受纳污水的水体富营养化，只要采用除磷和氯处理工艺就可以了；如果将处理后的废水直接作为城市饮用以外的生活用水，例如洗衣、清扫、冲洗厕所、喷洒街道和绿化等用水，则要求更多的处理单元过程。污水三级处理厂与相应的输配水管道组合起来，便成为城市的中水道系统。

城市污水处理厂的处理深度取决于处理后污水的去向、污水利用情况、经济承受能力和地方水资源条件。如果废水只用于农灌，可只进行一级或二级处理，如果废水排入地面水体，则应依据地域水功能和水质保护目标，规划处理深度；对于水资源短缺，且有经济承受能力的城市可考虑三级处理。城市污水处理厂规模的大小，可视资金条件、地理条件以及城市大小而决定，一般日处理量几万吨到几十万吨，大到几百万吨以上。

据有关资料统计，截至 1989 年年底，全国有城市污水处理厂的省和直辖市达 21 个，设计处理能力达 550 万 t/d，处理普及率只有 5% 左右。这样小的污水处理能力，已远远不适应城市发展和保护环境的需要，与经济建设很不协调，这也是造成中国水污染环境的主要原因。因此，控制城市水环境污染，建设城市污水处理系统，对于中国而言势在必行。

五、城市污水的自然处理技术

（一）污水氧化塘

利用氧化塘处理污水已有一百多年的历史。氧化塘主要利用水体的生物降解能力以及物理、化学等净化功能处理污水。污水中有机污染物由好氧菌氧化分解，或经厌氧微生物分解，使其浓度降低或转化成其他物质，实现水质的净化。在该过程中，好氧微生物所需溶解氧主要由藻类通过光合作用提供，也可以通过人工作用充氧。

氧化塘处理污水最初完全是靠自然状态，即未经人工设计，例如在中国南方农村，通常都将生活污水排入养鱼塘，塘内繁殖藻类，既养鱼又使水得到净化。随着经济的不断发展，城市生活和工业污水量不断增加，人们开始研究和设计氧化塘处理污水。例如，美国在 19 世纪 20 年代开始利用氧化塘处理污水，到 20 世纪 20 年代，氧化塘得到了大力发展，氧化塘数量已达 4000 多个，约占美国城市污水处理厂总数的 25%。加拿大在 20 世纪 70 年代也已建成了 200 多个，印度则达到 4500 多个。最初，氧化塘主要为一级和二级处理，目前，欧美等国家已利用氧化塘进行三级处理，去除废水中残余的 BOD、SS，同时杀死病原菌和去除污水处理厂很难去除的营养盐类。到目前为止，世界上已有 40 多个国家应用氧化塘处理污水。利用氧化塘处理城镇污水、工业污水已成为污水集中处理的主要工程之一。

氧化塘处理以生物处理为主，所以凡是可以进行生物处理的污水均可采用氧化塘处理。对于含有重金属和难以生物降解的污染物及有毒有害污染物的废水不能用氧化塘处理。

氧化塘处理污水受自然环境和气候条件影响较大，它更适用于气候温暖、干燥、阳光充足的地区。在寒冷地区也可利用氧化塘，但处理效率会受到一定影响。氧化塘占地面积较大，在有天然的洼地、湖泊、坑、塘、沟、河套等地区，可将其改造成氧化塘。氧化塘规模可大可小，小的每天可处理几十吨废水，大的每天可处理数十万吨废水，处理规模主要由地理条件决定。

氧化塘较适合于以低浓度污染为主的废水的处理，尤其是在气候较为寒冷的地区，氧化塘污水负荷不宜太高，这时氧化塘处理废水主要靠自然净化，很少由人工控制。为提高污水处理效率，在氧化塘设计中可增加人工控制措施，污水处理逐步由自然净化发展到半控制或全控制。

氧化塘污水处理效率主要受水温、水深（塘深）、水面面积、停留时间、污染负荷（COD、BOD_5负荷）、藻类种类及数量、塘的底质等条件限制。不同地理环境、不同污水构成、不同污染负荷下，氧化塘处理效率不同。

氧化塘既可以处理污水，又可以通过人工措施，从氧化塘中索取生物资源，利用氧化塘养鱼，处理后的污水用于农灌。这时则需要不同类型、不同功能的氧化塘系统组合，形成氧化塘污水处理系统或氧化塘生态系统。

氧化塘处理污水的基建投资、运转费用均低于具有同样处理效果的生物处理方法，而且其构造简单、维修和操作容易、管理方便，可充分利用地理环境，净化后的废水可用于农灌以及养鱼等。所以利用氧化塘处理污水便于取得环境、经济、社会效益的统一。

（二）污水土地处理系统

污水的土地处理是指有控制地将污水投配至土地表面，通过土壤—农作物系统中自然的物理过程、化学过程、生物过程，以对污水进行处理和利用。

污水土地处理和氧化塘一样是一种古老的污水处理方法。在污水通过土壤—植物—水分复合系统的过程中，污水中的污染物经过土壤过滤和吸附、土壤中生物的吸收分解、植物的吸收净化等物理、化学和生物的综合作用而得以降解、转化。这样既使污水得到净化，防止环境污染，同时又利用了废水中的水肥资源，种植树林、草坪、芦苇、农作物等，进一步改善生态环境，取得较大的经济、环境、社会效益。

污水灌溉是最早的污水土地处理，最早有文献记载的是德国本兹劳污灌系统。该系统从1531年开始投入运转，一共运行了300多年；苏格兰爱丁堡附近的一个污水灌溉系统在1650年左右开始运行。美国的污水土地处理系统历史悠久，但由于人们对污水处理技术不能全面理解等一系列原因，使土地处理系统发展并不顺利，到20世纪60年代末期，污水土地处理系统重新受到人们的重视，并对该处理方法进行了大量的研究。据统计，1964年美国有2200个土地处理系统，到了1985年大约有3400个，占全部污水处理系统的10%~20%。苏联也十分重视土地处理系统，并具体规定，只有当没有条件实现利用自然进行生物净化时才能考虑人工生物处理，并要求在选择污水处理的方法和厂址时，首先考虑处理后出水用于农业灌溉。苏联的污灌面积达150hm²以上，年利用污水约60亿t，相当于国家污水总量的3.6%。澳大利亚目前已有5%的城市污水用土地处理系统处理，主要集中在维克多利州，其中最典型的是威里比牧场，已有80余年的历史，总面积为1万hm²，日处理污水量达44万t。其他国家如日本特别是干旱地区的以色列等国家也都在发展污水土地处理系统。

中国污水污灌也有很悠久的历史，我国是一个水资源十分短缺的国家，农业生产严重依靠灌溉，据统计，约占全国耕地面积50%的灌溉面积生产着全国粮食总产量的75%~80%。我国有效灌溉面积自1990年的4740.31万hm²增长到2009年的5926.14万hm²，平均每年新增1.3%，而农业用水比例则自2001年的64%下降到2008年的62%，农业用水被挤占严重。另外，我国各地河流、湖泊等地表水体污染的不断增加更加重了水资源短缺的矛盾。在水资源日益短缺与水体污染不断加剧的双重压力下，清洁无害的农灌水源就显得极为珍贵。为弥补水源的严重不足，农区利用污水进行农业灌溉的现象在我国已较为普遍，尤其是在我国北方地区，污水已成为农业灌溉用水的一个主要水源，有些地区甚至不加考虑地将工业污水也作为水源进行直接灌溉。

污水土地处理系统之所以受到广泛重视，并作为处理城市污水的主要措施之一，主要是因为该方法既能有效地净化污水，又可以回收和利用污水，充分利用废水的水肥资源，同时具有能耗低、易管理、投资少、处理费用低等优点。一般污水土地处理系统的基建投资可比常规处理方法节约30%~50%。目前中国正在筹建的污水土地处理工程有十余处，主要在新疆、吉林、山东等地，由此可见该污水处理技术在自然、土地条件具备的地方大有发展前途。

（三）污水排江排海工程

沿海和沿江大水体城市的特殊条件，使其能积极探索利用江河和海洋的稀释自净能力来处理城市污水。污水排江排海工程可节约能源，降低日常运转费用，管理也较简便。目前中国的实际情况是，不少城市的污水直接向江河湖海岸边集中排放，污水在岸边缓慢累积、回荡，形成岸边污染带，污染和破坏了水生生物的栖息地和城市的水源地，而水体或强水流的净化能力并未得到利用。因而急需在集中控制规划的合理安排下，采取多孔、深水或能进行有效稀释扩散的，有严格控制和预处理措施的水下排放、河中心排放等方式，以合理利用自然净化能力处理污水。中国深圳市通过严格论证，将城市生活污水直接排放至海洋，该工程运行几年来，效果显著，每日排海水量43.42万t，单位投资393.22元/（t·d），运行费0.064元/t。

中国有漫长的海岸线和长江等大水体，其沿岸又都是工业发达、人口密集的地区，排污量极大，因此推广污水排江排海，对于加快城市污水治理，有十分重要的现实意义，但是污水排江排海工程必须严格控制，必须科学、合理、可行，必须在科学的研究论证基础上实施。

第四节　非点源污染控制技术与方法

湖泊非点源治理是一项系统工程，包括工程技术和管理措施，每个湖泊都应根据其特征，选择合理的技术方法，绝不能照搬其他湖泊的治理方法。这里我们对常用的技术方法作一介绍，并给出技术方法优化选择的原则与程序。非点源技术可分为工程技术与管理技术两大类。

这里，我们重点介绍几种非点源污染的控制技术方法。

一、农田径流污染控制技术

农田是湖泊流域内最主要的土地利用类型之一，通常分布于湖泊周围的平原区和半山区，这些地区土壤状况良好，农业生产活动强烈，一般是流域内的粮食生产基地。由于有农业生产活动，农田区径流污染普遍较为严重，尤其是在我国南方地区，强烈的农业开发活动，导致农田区成为湖泊的主要污染源，对湖泊富营养化、湖面萎缩、有毒有机物污染以及有机污染都有重要影响。总结我国湖泊流域农田污染的调查结果，其污染根源在于：

（1）化肥、农药的过量使用。

（2）化肥、农药的不合理使用方式，如喷洒等。

（3）有机肥使用比例下降，化肥使用比例上升，营养比例失调，土壤肥力下降，导致化肥使用量上升，造成恶性循环。

（4）耕作强度大，土壤扰动强烈，地表土壤易受暴雨冲刷引起大量流失。

（5）粗放的生产活动引起水资源浪费和土壤肥料流失，加重了环境污染。

（6）土地防护措施少，易形成地表径流，造成水土流失。

（7）陡坡种植、顺坡种植等不合理种植方式，加重了水土流失。

（8）土地利用规划不合理，污染重的农田区（比如蔬菜区）往往靠近湖岸，而污染轻的农田区（如水田）往往靠近上游，加重了湖泊污染。

（9）管理落后，只重生产而不重农田环境管理，缺少管理措施。

农田径流污染问题已引起国内外的极大关注，污染控制技术方法有几十种之多，包括免耕法、退田还林还草法、轮作法、等高种植法等。有一些技术方法虽然污染控制效果较好，但要牺牲土地，在人多地少的中国难以实施。根据我国国情，总结吸收国内外多年来的研究实践经验，我们归纳出三种不同的技术方法，包括坡耕地改造技术、水土保持农业技术、农田田间污染控制技术。

1. 坡耕地改造技术

依据水土流失原理，通过减缓地面坡度和缩短坡长，可以有效地降低土壤流失和控制耕地污染。在耕地改造时，采取截流、导流以及生物防治措施，可以进一步减轻耕地非点源污染，污染控制工艺流程可简化为：降水→耕地→地表径流→蓄水横沟/植草水道→导流沟→排放。

坡耕地改造工程主要包括坡面水系整治和坡改梯两种类型。

（1）坡面水系整治：在坡耕地上建立相互配套的防洪、灌溉和蓄水、排水系统，因地制宜开挖排洪沟，顺坡直沟改为截流横沟，减少冲刷。并且与坡改梯、田间工程相结合，减少径流量和坡长，有效控制水土流失。

（2）坡改梯：将坡耕地改造成梯地和梯田，减缓坡度和坡长，从而减轻水土流失。梯田可分为水平梯田、斜坡梯田和隔坡梯田等。

坡耕地改造主要包括以下工程内容：蓄水横沟、导流沟、整地工程和田坎。

2. 水土保持农业技术

我国是传统农业国，人们在长期生产实践中摸索建立了一套水土保持农业技术，对保护耕地资源发挥了十分重要的作用。同时，传统的水土保持农业技术对农田非点源污染控制也是适用的，无论是过去、现在还是将来，水土保持农业技术对控制湖泊污染都具有十分重要的作用，这里仅作简要的介绍。

（1）等高耕作：又称横坡耕作，即沿等高线、垂直坡向进行横向耕作，由于横向犁沟阻滞了径流，起到了拦蓄径流和增加入渗的作用。采取横坡垄作种植，沿等高线开挖成能走水但不冲土的横行、横厢、横带进行耕作种植，起到了较好的蓄水、保土和增产的作用。据内江和遂宁水保站的资料：在同样降雨条件下，横坡比顺坡种植可多拦蓄降雨 12.3~65.7mm，减少坡面径流量约 29%、土壤侵蚀量约 79%，增产 20.9%~70%。

（2）沟垄耕作：在坡耕地上，沿等高线将地面耕成有沟有垄的形式，以阻滞、拦蓄径流和泥沙。我国已发展了十余种沟垄耕作形式。

（3）间作、套种和混播：间作是将两种以上的作物，按深、浅根，高、低杆，先、后熟，疏、密生等特性配置，以一行间一行，或几行相间等形式种植。

套种是先种某种作物，等其生长一段时间后，再在其行、株间套种上另外的作物，以充分利用地力和空间，从而获得较高的收成。

混播是将两种以上的作物混种在一起。

间作、套种和混播，既是增产措施，又能延长植被覆盖时间，增加植被覆盖率，起到水土保持的作用。

（4）改良轮作制度和草田轮作：为使水土保持与增产措施结合起来，可以采取改良轮作和草田轮作制度。

此外，还有"等高带状间（轮）作"和"等高草田间（轮）作"，即在坡耕地上沿等高线以适当的间距，划分成若干等高条带，按条带实行间作和轮作。例如，加进牧草条带，增产和拦蓄效果也很明显。

（5）深耕、中耕或少耕、免耕，收割留茬：深耕、中耕能增加地面土壤的疏松层，从而提高土壤的入渗率和入渗速度，减少坡面径流和面蚀。相反，国内外有些地区，却采用少耕和免耕，减少对土壤层的疏松，以控制水土流失，或采用收割留茬的方式，在收割时留下较高的根茬，以控制、减轻面蚀和风蚀。

（6）增施肥料，改良土壤：增加有机肥料，可以促进土壤的发育，增加团粒结构，提高土壤的抗蚀能力。据试验，在同等条件下，无团粒结构的土壤，70%的雨水形成坡面径流，而在团粒结构较好的土壤上，只有20%的雨水形成径流。

（7）挑沙面土：即把流失到沙沟、沙凼的泥沙，利用农闲季节清淤整治，再挑到地里，增厚土层，以维持和提高土地的再生产能力。

3. 农田田间污染控制技术

径流是农田污染物的载体，减少径流排放必将减轻农田对湖泊的污染。来自农田的污染物以溶解态和颗粒态两种形态存在，通过增加滞留时间，颗粒态污染物会沉降，使径流得到净化；同时田间生长着大量植被，会吸收氮、磷等污染物，也可以使污染物去除。农田径流污染还来自径流的冲刷作用，一旦径流得到缓冲和控制，冲刷作用会减弱，污染也会减轻。

鉴于以上分析，我们可以利用农田田间的有效空间进行农田污染控制，其工艺流程可简化为：降水/灌溉→农田→地表径流→收集系统→缓冲调控系统→净化系统→排放/回用。

农田田间控制包括三个子系统。

（1）收集系统：主要有田间渠道、田间坑、塘等。

（2）缓冲调控系统：主要包括闸门、渠道、田间坑、塘等。

（3）净化系统：主要有渠道沉砂池、田间坑、塘以及其中的生物，如草、水生植物等。

二、农村村落污染控制技术

农村村落污染主要来自两方面：一是村落废水，包括生活污水和地表径流；二是农村固体废弃物，包括生活垃圾、农业生产废弃物。

1. 村落废水处理

在中国广大农村地区，村落废水收集系统很不完善，有的村落根本没有管网系统，污水四处流淌，而有收集系统的村落，大部分是明渠，渠道淤积堵塞严重，雨季时污水仍四处流淌。废水不能有效收集，就难以进行有效控制。根据中国农村经济状况，我们认为农村村落废水适合采用合流制暗渠收集，该系统具有投资少、易于管理、环境影响小等优点，对于经济较发达地区的农村，也可以采用合流制暗管，甚至分流制收集系统。

村落废水以生活污水为主，主要污染物是 $CODcr$、BOD_5、TN、TPT、

SS 等，可供选择的处理工艺较多，如活性污泥法、A2/O 法、A/O 法、氧化沟以及土地处理等。中国农村经济水平差异较大，不可能采用同一处理工艺，考虑到投资、占地、运行维护难度、运行费用以及水质要求等方面，我们归纳出低、中、高三种处理工艺，其特点和适用范围见表3-1。

表 3-1 村落废水处理工艺及适用范围

处理深度	工艺名称	工艺特点	适用范围
一级	沉砂后回用	投资少，运行费用低，管理简单，以去除颗粒态污染物为主	经济落后，远离湖滨区
一级半	沉砂+自然处理+回用	投资少，占用土地，运行费用低，管理简单，效果较好	有可利用土地，经济落后，非湖滨区
二级	二级处理并脱氧除磷排放	投资高，运行费用高，管理复杂，效果好	湖滨直排区，经济发达地区

2. 农村固体废弃物处理技术

目前主要有以下四种固体废弃物处理技术：堆肥（好氧发酵）、厌氧发酵（沼气）、卫生填埋、焚烧。

（1）堆肥（好氧发酵）：堆肥是利用微生物降解垃圾中有机物的代谢过程，垃圾中的有机物经高温分解后成为稳定的有机残渣。当垃圾中有机物含量大于15%时，堆肥处理可使垃圾处理达到无害化、减量化的目的，一般在堆肥过程中，当垃圾经历55℃以上的高温一段时间后，便可达到无害化目的，同时，有机物经过生物氧化过程，可减容 1/4~1/3，从而实现减量化。

垃圾堆肥可用于农业生产，以增加土壤有机质含量，因此垃圾堆肥法的资源化效益很显著，但堆肥要求垃圾中有机质的含量高，重金属的含量低，另外堆肥中氮、磷、钾等营养元素的含量远低于化肥，但重量却很大。

（2）厌氧发酵（沼气）：厌氧发酵法是使有机物在厌氧环境中，通过微生物发酵作用，产生可燃烧气体——沼气，将有机物转化为能源，可用作生活燃料，同时沼水和沼渣是优质肥料，该方法可使有机物充分资源化。发酵原料以人、畜、禽的粪便为主。该方法具有废物资源化、管理方便、投资少、容易操作等优点，适用于广大农村地区。

（3）卫生填埋：就是将垃圾放于封闭系统中，使之与周围环境隔断，从而避免对环境造成影响的一种方法，该方法具有处理费用低，处理量大，抗冲击负荷能力强，技术设备简单等优点，而且处理适当时也可产生沼气，回收能源。另外，该方法是堆肥和焚烧的最终处理途径，所以目前被世界各国广泛采用，特别是在经济能力有限时，这种方法更为适用。但卫生填埋要达到无害化要求，必须采用严格的操作程序和技术方法，使用不当时，很容易造成地下水污染。另外，在目前土地资源紧缺的情况下，白白地占用土地也很可惜，所以在填埋结束后，要尽快进行生态恢复。

（4）焚烧：焚烧是指垃圾中热值较高时，其中的可燃成分在高温下历经燃烧反应，使垃圾中各可燃成分充分氧化的一种方法。该方法燃烧温度高，固相物消耗大，所以燃烧后残渣的化学、生物稳定性极高，无害化较彻底，而且燃烧后残渣的重量为原生垃圾的10%左右，减量效果很好，因此该方法被许多发达国家所广泛使用。但焚烧法的投资费用较高，一般地区难以承受，另外，焚烧易造成大气环境的二次污染。

农村垃圾与固体废弃物不可能收集后焚烧，一方面投资大，管理难，另一方面不适合农村实际情况，浪费宝贵的有机肥料。卫生填埋也不可行，集中填埋造成运输困难和有机肥料浪费，长期以来农村地区一直把分散填埋作为处理固体废弃物的手段之一，随着土地资源日益缺乏，适当填埋场地越来越难寻找，若简单堆存填埋，将造成严重的环境污染，这种处理方法产生的环境影响在中国广大农村地区已经存在并且日益严重。农村垃圾与固体废弃物中除含有渣土外，还含有大量的有机组分，如食品、蔬菜叶、植物残枝落叶等，可以通过回收处理，变废为宝，生产沼气和肥料，满足居民生活和生态农业对有机肥日益增长的需求。因此，堆肥和沼气工程是处理农村固体废弃物的最佳途径，并且技术成熟，市场前景好。

堆肥目前多采用好氧工艺，根据出料周期长短及机械化程度高低，好氧堆肥又为短期机械化堆肥和简易堆肥，这两种方式各具特点。沼气处理方式是厌氧发酵工艺，目前大多采用电流布料沼气池。

三、强侵蚀区污染控制技术

强侵蚀区是指土壤侵蚀度在中度（含中度）以上，侵蚀模数大于 $2500t/km^2 \cdot a$，侵蚀速率大于 2mm/a 的区域，通常表现为地表覆盖率低，地表裸露，甚至表现出土壤明显迁移等特征，如冲沟发育、山体滑坡、泥石流频发等。除自然因素外，人类活动形成的强侵蚀区也相当多，在许多湖泊流域，如滇池流域、洱海流域，人类开发活动已成为强侵蚀区产生的主要因素，并且人为造成的强侵蚀区面积在不断扩大。人为强侵蚀区通常与森林过度砍伐、矿山开发、工程建设、放牧过度、耕作过度等无序生产活动有关，也与管理不善等因素有关。无论是自然因素还是人为因素，生态系统破坏都是导致强侵蚀区存在的根本原因。

1. 强侵蚀区污染控制的主要内容

（1）地表防护，减轻降雨击溅侵蚀污染：降雨产生的击溅侵蚀是土壤侵蚀的主要形式之一。降雨雨滴对地面有击溅作用，凡是裸露的地表在受到较大雨滴打击时，土壤结构即遭破坏，土粒被溅散，溅起的土粒随机发生移动，其中部分土粒随径流而流失，产生所谓的雨滴击溅侵蚀，这种侵蚀除迁移走土粒外，对地表土壤的物理性状也有破坏作用，使土壤表面形成泥沙浆薄膜，堵塞土壤孔隙。阻止雨击，雨滴就不会直接击溅地表而产生溅侵蚀，因此利用击溅侵蚀发生机理，采取地表防护措施，可以控制侵蚀污染。

（2）控制径流冲刷侵蚀污染：降雨形成地表径流，最初水层薄，流速慢，呈漫流状态，冲刷力弱，对土壤的冲刷侵蚀作用弱，但随着径流坡长增加，水层加厚，流速加快，受地表植被覆盖不同、地表不均、土壤结构不同等因素影响，逐渐形成线状侵蚀流，对土壤冲刷侵蚀作用逐渐加强，在径流流经区形成明显的土壤侵蚀现象，径流侵蚀作用是导致冲沟发育、泥石流以及滑坡等发生的直接原因。通过采取缩短径流坡长，疏导以及拦截等措施，可以减轻径流对下游地表的冲刷作用，进而控制径流侵蚀，利用这一原理，可以有效控制强侵蚀区污染。

（3）恢复生态系统，控制污染：强侵蚀区的产生根源在于区域生态系统受到破坏，只有采取工程的或非工程的生态恢复措施，才能从根本上控制强侵蚀区污染，因此必须利用生态学原理治理强侵蚀区污染。

2. 强侵蚀区污染控制基本原则

（1）必须遵守"标本兼治"的原则，控制水土流失，减少非点源污染是治标，恢复区域生态系统良性循环是治本。

（2）坚持"生物防治与工程治理"相结合的原则，利用土石工程措施见效快的特点，稳定和控制侵蚀强度的增加，采取生物工程措施，逐步控制污染，二者有时是密不可分的。

（3）坚持"治理与管理"相结合的原则，在治理同时加强管理，加快生态恢复速度。

（4）坚持"治理与开发"相结合的原则，在强侵蚀区污染控制时制订长远开发规划，治理与开发相结合，提高治理效益，促进治理工作的开展。

3. 强侵蚀区污染控制工程技术

根据工程性质和工程对象不同，强侵蚀区污染控制工程技术主要有坡面工程技术、梯田工程技术和沟道工程技术，下面分别进行介绍。

（1）坡面工程技术：坡面工程技术主要适用于山地和丘陵的坡面地区，主要技术措施有：梯田（地）、截流沟、拦沙档、卧牛坑、蓄水池以及鱼鳞坑。坡面工程的主要作用是蓄水保土，增加土壤入渗时间，减少径流量和减缓地表径流速度，有效防止和减少水流对土壤的冲刷力。

（2）梯田（地）工程技术：梯田是治理山丘坡地水土流失的重要工程措施，也是防治强侵蚀区非点源污染的最主要的技术手段之一。按垂直地面等高线方向的断面划分，梯田有三种形式，即水平梯田、斜坡梯田和隔坡梯田。

按田坎建筑材料划分，梯田有两种形式，即土坎梯田和石坎梯田。

按种植物种类划分，梯田有多种形式，如水稻梯田、旱作梯田和造林梯田。

无论梯田是哪种形式，都具有切断坡面径流，降低流速，增加水分入渗量等保水保土作用。

（3）沟道工程技术：强侵蚀区一般都不同程度地存在着冲沟，沟道治理是强侵蚀区污染控制的重要组成部分。沟道治理必须从上游入手，通过截、蓄、导、排等工程措施，减少坡面径流，避免沟道冲宽和下切，必须坡、沟兼治。沟道治理时，首先合理安排坡面工程拦蓄径流，对于不能拦蓄的径流，通过截流沟导引至坑塘等处，治坡不能完全控制径流时，需进行治沟，在沟道上游修建沟头防护工程，防止沟头继续向上发展。在侵蚀沟内分段修建谷坊，逐级蓄水拦沙，固定沟床和坡脚，抬高侵蚀基准面。在支沟汇集侵蚀区总出口，合理安排拦砂坝或淤地坝，控制径流对下游的冲击影响。沟道工程从上游至下游，可划分为三种类型，即沟头防护工程、谷场工程和拦沙坝（或淤地坝）。

沟头防护工程包括：撇水沟、天沟、跌水工程以及陡坡工程。

谷坊工程分为土谷坊、石谷坊、柴梢谷坊和混凝土（或钢筋混凝土）谷坊四种类型，也可分为过水谷坊和不过水谷坊两类。

拦沙坝由坝体、溢洪道和泄水工程三部分组成，有土坝和砌石拱坝两种主要形式。

除一般侵蚀外，强侵蚀区还存在特殊的侵蚀形式，如崩岗、泥石流等。在治理时需采用的工程技术有所不同，如崩岗整治时，除采取沟头防护、谷坊工程外，还需采取削坡、护岸固坡、固脚护坡以及内外绿化等技术；泥石流治理时需增加停淤场、拦挡坝（由坝体、消力池和截水墙组成）以及护坡等，同时对工程的抗冲击性有较高的技术要求。

因此，在进行强侵蚀区治理时，应掌握侵蚀特征，针对不同侵蚀状况采取不同的工程对策。

4. 强侵蚀区污染控制生物防治技术

生物防治是控制强侵蚀区污染的重要技术手段，也是区域生态系统恢复良性循环的基础。在生物防治中有以下技术要点：

①以当地生态特征为基础，设计出优化的生态系统，逐步实施；

②生物防治时，应谨慎引进外地物种，以种植本地优化物种为主；

③除强调水土保持作用外，还应注重生物物种的经济价值，使生物防治与发展经济相结合；

④工程治理和生物防治是密切相关的，有时二者缺一不可，在实施综合治理时，应很好掌握生物体系建立的时机，才能使工程治理和生物防治发挥最佳效益。

主要生物防治技术包括以下两种。

（1）自然恢复：通过加强管理，实行封山措施，依靠生态系统的自然恢复能力来恢复强侵蚀区生态系统良性循环，进而控制污染的方法。这种方法一般仅适用于过度放牧、过度砍伐森林、过度耕作等不合理人为活动形成的强侵蚀区，对于已经严重侵蚀，甚至出现冲沟、崩岗和泥石流等的侵蚀区是不适用的。

（2）人工恢复：通过人工植树种草等措施来恢复强侵蚀区生态环境的方法。这种方法适用范围广，见效快，并且可使生态系统得到优化，也可以实现社会经济和生态效益的统一。

从另一角度看，生物防护技术也可以分为五种类型，即林业措施、植草措施、农林结合措施、林草结合措施以及农林牧结合措施，介绍如下：

（1）林业措施。森林具有涵养水源，保持水土，调节气候，降低风速等作用，同时也具有较高的经济价值。林业措施是控制强侵蚀区污染的有效措施，具有较好的社会经济和生态效益。

①材料及其配置。

水土保持林是按一定的林种组成、一定的林分结构和一定的形式（片状、块状、带状等），配置在水土流失地区地貌部位上的林分，根据其配置的地形地貌条件和所具有的不同防护目的及特定的作用，水土保持林可分为若干个林种，如分水岭防护林、坡面防护林、水源涵养林、侵蚀沟防护林、护岸护滩林、塘库周围防护林、防风固沙林等。

水土保持林的配置，除遵循"因地制宜，因害设防"的基本原则外，在林种配置形式上，要实行乔、灌、草结合，网、带、片结合，用材林、经济林和防护林相结合，远近兼顾，长短结合，以最小的林地面积达到最大的防护效果和经济效益。

A. 丘陵山区的分水岭应沿分水岭走向设置分水岭防护林；水土流失严重的秃山和陡坡，呈块状、片状或带状营造护坡林；退耕还林的陡坡地，是大量营造护坡林的重点。

B. 河流两岸和水库周围，应布设护岸林；上游集水区内应营造水源涵养林。

C. 在各种形式侵蚀沟的沟头、沟坡和沟底都应设置侵蚀沟防护林，以制止沟头前进、沟岸扩张和沟底下切。

D. 风蚀严重的地区应大力营造防风固沙林；平原区应营造农田防护林。

E. 为了增加经济收入，在土质较好、背风向阳的坡上，应积极发展果树、木本粮油树和其他经济树种。

②营造技术。

A. 适地适树。所谓适地适树，就是把选择好的树种栽植在适于它生长的地方。正确地划分立地条件类型，根据立地条件类型选择适用于在这一条件下生长发育的林种、树种及相应的造林技术措施，是十分重要的。这是造林工作的一项基本原则。

B. 造林整地。这是造林前改善土壤环境条件的一道重要工序，也是造林技术的主要组成部分。整地质量在很大程度上决定造林成活率的高低和幼树生长的快慢。造林整地除了改善立地条件，提高造林成活率外，兼有保持水土，减免土壤侵蚀的作用。

C. 树种选择。营造水土保持林，主要是为了防治土壤侵蚀，改善生态环境，同时获得较高的经济效益。为此，作为水土保持林的树种选择，总的要求有以下几点：生长迅速，枝叶繁茂，郁闭较快，落叶多，易分解，可提高蓄水保水能力；根系发达，能盘结和固持土壤，有利提高土壤的抗蚀、抗冲能力；抗逆性强，具有耐寒、耐旱、耐瘠、抗病虫害的特点；用途较广，具有较高的经济价值；繁殖容易，栽培技术简单。

此外，不同林种对造林树种还有一些要求。例如，水土保持用材林，要选择速生、丰产、优质的树种；农田防护林要选择抗风力强、不易倾倒的树种；防风固沙林的树种则要求根系统伸展广，根蘖性强，耐风吹沙埋，有生长不定根的能力等。

D. 造林方法。水土保持的营造方法分为直播造林、移苗造林、分殖造林和封山育林。

直播造林：又称播种造林，是将树木种子直接播种在造林地上进行造林的方法。适用于种子粒大，容易发芽，种源充足的树种，如栎类、核桃、油茶等。直播造林又分撒播、条播和穴播、飞机播种造林等。这种造林方法省工、省钱，但种子消耗量大。

移苗造林：又称栽植造林，是将育出来的苗木移植到造林地上进行造林的方法。这种造林方法省种子，幼林郁闭较快，受树种造林立地条件限制较少。因此，它是普遍采用且行之有效的造林方法。移苗造林，选择适宜的苗木苗龄十分重要，过大或过小成活率都低。根据经验，针叶树以2年生的苗木栽植为好，阔叶树种速生地可用1年生苗木，生长慢的可选用2年生苗木，灌木树种苗龄可适当大些。

分殖造林：又称分生造林，是利用树木的营养器官（干、枝、根、地下茎等）作为造林材料进行无性繁殖直接造林的方法。分殖造林按所用树木营养器官的部位和繁殖的具体方法，又分为播条、播干、压条、埋干、分根、分墩、分蘖和地下茎等方法。采用分殖造林的树种，应具有发根力强，萌芽力高的特征，如北方的杨树、柳树，南方的杉木、竹类等。

封山育林：是指在自然条件较好的荒山地区，有计划地将部分山地封禁起来，依靠自然和人工造林恢复森林植被的方法，它也是营造水土保持林的有效方法之一，在北方和南方山区皆可采用。

（2）植草措施。植草具有保持水土，改良土壤的作用，可以放牧，产生经济效益。

水土保持种草，应该选择那些耐旱、耐瘠、抗逆性强的草种，适宜在水土流失地区种植的草种有苜蓿、草木犀、沙打旺、黄花菜、毛苕草、苏丹草、油沙草等。这些草的地上部分生长迅速、繁茂，地下部分根系发达，是保持水土较理想的草种，同时又是绿肥和饲料。

植草和种地一样，一般情况下，要掌握好整地、播种、管理和收获等环节，才能获得高产。

整地：播前整地要求整平耙细，蓄水保墒，达到一次播种保全苗。在荒山荒坡荒沟种草，宜用免耕法整地，即在秋后用火烧掉原来的杂草植被，春天把茬播种，不翻动土层，避免苗期水土流失，有利于蓄水保墒保全苗。

播种：分为直播、栽植两种方法。直播就是把种子直接播在土壤中，因播种方式不同，又可分为撒播、点播、条播和飞机播种。草木犀、苜蓿、毛苕子等草种，可将种子均匀地撒播在整好的地上，用碾压方法进行覆土。在陡坡上种草，宜采用点播播种。油沙草、沙打旺等草种适宜采用条播方法。大面积种草时，飞机撒种是行之有效的方法。在一些气候、土壤等条件不利于直播种草的情况下，可采用栽植种草。

管理：出苗后要及时松土、锄掉杂草，有条件的地方还应追肥、灌水，以获得高产。

收割：是种草中的一个重要环节。根据不同草类的生理特点适时收获，不但产草量高，营养物质含量丰富，而且再生能力强。一般来说，禾本科草在抽穗前期，豆科草在开花初期，是产草量最高、草质最好的收割期。对再生芽由茎部萌发的草类，如草木犀等，留茬要高，一般以 10~15cm 为好，以便留下较多再生腋芽，保持持续高产。

（3）农林结合措施。这是人类模仿自然生态系统而建立起来的农林相结合的复合人工生态系统，具有复合性、整体性和集约性三个特征。

农林结合措施具有农业措施和林业措施的双重作用，一方面提高了污染控制能力，另一方面优化了生态系统结构，增加了生态系统的经济价值，是控制强侵蚀区污染，促进农村（尤其是山区、半山区）经济发展的有效途径。

（4）林草结合措施。优化选择具有较强拦砂作用的草种，建立草滤带，控制土壤迁移，也可利用适生草种尽快增加地表覆盖率，减少土壤流失。土壤稍有稳定后，即可种植树木，加强水土保持效果，逐步建立林草复合的生物防护体系，非常适宜于矿山采空区的生态恢复，若与工程治理相结合，会产生更加显著的效果。林草复合系统源于自然，具有较好的稳定性。

（5）农林牧结合措施。它具有较好的社会经济和生态环境效益，可以根据治理和开发需求，因地制宜地建立优化的生态系统。

四、生态工程技术

生态工程是根据生态系统中物种共生、物质循环再生等原理设计的多层分组利用的生产工艺，也是一种根据经济生态学原理和系统工程的优化方法而设计的能够使人类社会、自然环境均能受益的新型的生产实践模式。费用低、污染少、资源能充分利用是生态工程的最大特点。生态工程设计的指导思想是：强化第一性生产者，生态学阐明第一性生产者是绿色植物，要发展生产，振兴经济，改善不良生态环境，必须首先种草种树，增加植被覆盖率，从根本上改变旧的、落后的生态系统模式；生态环境协调统一，生态学阐明环境适应性原理，根据各地地形，水土资源在三维空间的分布规律与其二者的和谐性，坚持因地制宜，合理配置；生态系统总体最优，采用系统工程学中的优化方法，建立线性规划数学模型，确定保证方案总体最优。

生态系统是生物与环境的综合体，所以我们在进行生态工程系统设计时应注意生物物种的配置结构、时空结构和营养结构。

物种配置结构是指生态系统中不同物种、类型、品种以及它们之间不同的量比关系所构成的系统结构。

物种时空结构是指生物各个种群在空间上和时间上的不同配置，包括水平分布上的镶嵌性和垂直分布上的成层性以及时间上的演替性。

物种营养结构是指生态系统中生物与生物之间以及生产者、消费者和分解者之间以食物营养为纽带所形成的食物链与食物网，其构成物质循环与能量转化的重要途径。

在湖泊非点源污染中，来自湖泊防护带的农业非点源污染尤为严重。一方面，农业生产活动频繁，人口密集，污染物流失严重；另一方面，污染物输送过程短，直接对湖泊构成威胁。根据湖泊小流域生态系统的结构与功能，结合各地自然环境、生产技术和社会需要，我们可以设计出多种生态工程体系，以建立适合我国国情，促进防护带农业持续发展，又能有效控制污染物流失的防护带农业模式，保护湖泊生态环境。以下简述几种根据生态学基本原理构建的较典型的生态农业模式，以供在具体运用时作为参考。

1. 化粪池

化粪池借助沉淀将农村生活污水中的悬浮物沉淀下来，厌氧和沉降是其主要的处理工艺。一般采用三格式化粪池，其中冲厕水由第一格进入，分别流经第二、第三格进行沉淀和厌氧处理，而洗涤用水直接接入第三格，经过沉淀后再出水，农村生活污水经过化粪池处理后，可以去除一部分 BOD5 和大部分 SS，同时对大肠杆菌有较好的处理效果。但是，沉淀处理方法去除溶解性污染物的效果很差，很难达到相关的污水处理标准。化粪池经过改良，污水处理效果好一些，但是仍然不能达到水质水量的变化要求，不能保证水质，所以具有一定的局限性。

2. 厌氧污水处理设施

厌氧处理设施利用厌氧微生物将有机物分解为甲烷和二氧化碳，它是一种有效去除有机污染物的工艺。一般在设施中悬挂了利于微生物附着生长的填料，以提高有机污染物的去除率。但仅有厌氧环节难以保证出水质量，因此一般应用于污水处理出水要求低的地区，最好在末端留有空闲土地，便于工艺提升。

3. 微动力污水处理设施

一般情况下，微动力污水处理设施采用厌氧—好氧工艺，污水进入设施，设施内悬挂生物填料增加微生物附着的表面积，通过厌氧及好氧生物作用（曝气）分解有机物。污水在 A/O 池内停留一定时间，以便微生物对有机物进行充分的生物降解，并去除一定量的污染物；处理后的污水经过沉淀后排放，同时沉淀池的部分污泥回流，另一部分外排。该技术成熟稳定、处理效果好，有很多地方也会将该技术设计制作成一体化设备。

4. 氧化塘

氧化塘是指具有处理污水、废水的自然池塘，它的构造简单，维护十分简便，处理效果较为稳定，能更高效地节省能源。通过设计种植多种类型的水生植物，通过各种植物的吸收和吸附，人们可以对出水进行深化处理，同时可投放部分水生生物，组建完整的食物链，提高污水净化效率。氧化塘污水处理方法适用于拥有限制沟渠或者池塘的村庄。该污水处理手段具有较高的污物去除率，能去除 70% ~ 80% 的 BOD 和 60% ~70% 的 COD。但是，该工艺受季节影响较大，末端处理强度不够，出水效果不稳定，适用于排水要求较低的地区。

5. 人工湿地

人工湿地是综合了物理、化学和生物的三种作用对污水进行处理的方式。污水处理与沼泽类似，人为建造并投入一定人力进行监督控制，借助沼泽地和洼湿地手段实现污水的处理。在具有香蒲、芦苇等水生植物的湿地中，土壤本身具有的渗滤功能以及水体植物、动物的综合生态作用，可以有效改善湿地内的污染情况，并进一步改善生态环境。湿地填料表面有一层由大量微生物的生长所形成的生物膜，有机污染物通过生物膜的作用被去除。植物根系作用进一步保证了废水中的氮、磷不仅能被植物和微生物作为营养成分而直接吸收，还可以通过硝化、反硝化作用及微生物对磷的过量积累作用将其从废水中去除。人工湿地对 SS、COD、BOD 的去除效果较好，但是对磷和氮的去除效果较差。

人工湿地在农业生产中主要适用于经济条件不高且对污水中的氮、磷去除要求不高的地区，利用其地势差以及当地的闲置荒地或者河塘进行污水处理。

6. 农村一体化生活污水处理

我国农村布局分散，村庄规模小，因此，生活污水具有分散排放的特点。为了降低工程成本，通常以村或一定空间范围内的多户为单位建设污水处理站点开展生活污水处理。而传统的站点土建方式，存在施工管理困难、占地面积大、建设成本高等问题。一体化污水处理设备具有高度集成、占地面积较小、施工工程量小、建设周期短等特点，在我国城镇化进程日益加快的背景下，还可根据村庄的存续或消失进行动态调整，避免造成资源浪费，因而成为农村生活污水处理的主流方式。

一体化生活污水处理设备是将生物处理、沉淀、消毒、深度处理等各污水处理工艺单元及配套组件集成在一定空间结构内的成套装置。目前，我国农村一体化生活污水处理设备基础生物处理工艺主要是沿用城镇生活污水处理中普遍采用的工艺，如包括 AAO、AO、多级 AO、SBR 等在内的活性污泥法，以及生物接触氧化法、生物转盘等在内的生物膜法等。深度处理工艺主要针对出水标准较高的情况，主要包含 MBR、砂滤等。一体化污水处理设备的外壳材质一般选择碳钢、玻璃钢、不锈钢、聚乙烯等。不同设备厂家选用的材质不同，同一设备厂家的不同产品选用的材质也不同。一体化污水处理设备配套组件主要包括污水提升泵、污泥泵、鼓风机、曝气系统及其他深度处理工艺配套组件等。根据工艺特点，还可能包含生物填料、膜生物反应器（MBR）、膜曝气生物反应器（MABR）等组件。不同填料的种类通常差别较大，材质、形状、填充后的状态均不同。市场上 MBR 膜组件的性能、价格差别较大，它对一体化污水处理设备的生产成本、运维成本、污水处理效果起决定性的作用。目前，MABR 膜组件总体价格还较高，主要以进口为主，国内能够生产性能稳定的 MABR 膜组件的厂家还较少。

我国一体化生活污水处理设备基础生物处理工艺以城镇污水处理厂广泛应用的 AAO、多级 AO 及生物接触氧化法为主，尤其是生物接触氧化法的应用最为广泛。但不同设备制造商生产的一体化生活污水处理设备应用的工艺略有差别，主要体现在对工艺的局部调整上：如在部分或全部生物处理单元填充填料以提高工艺的抗冲击性能，且不同制造商选择的填料种类差别也很大；增加多级厌氧、缺氧、好氧单元等；基于传统工艺基本原理对工艺进行调整，如使用 MABR 膜对曝气方式进行优化。

五、湖滨带生态恢复技术

湖滨带是指湖泊水生生态系统和陆生生态系统结合区域，通常由陆生植物带、湿生植物带和水生植物带组成，核心部分是湖岸区的湿生植物带，湖滨带是湖泊的天然保护屏障。湖滨带是湖泊水体和陆地进行物质交换的重要区域，进入水体的大量污染物均需要通过湖滨带，同时湖滨带拦截蓄存和降解了大量环境污染物，对保护湖泊环境起着十分重要的防护作用。在众多湖泊流域中，湖滨带都是流域内人口聚居区和工农业、旅游等生产活动强烈区，污染物发生量大并且直接与水体进行物质交换，对湖泊水体有直接影响，湖滨带的保护是湖泊生态环境保护的重要组成部分。

1. 湖滨带生态恢复工程模式

按照湖滨带的类型，把湖滨带的生态恢复工程划分为以下几种模式。

（1）自然模式：这类模式的景观基质基本上处于自然状态，地形等物理环境改变较小，主要采用生物对策来恢复。采用自然模式进行恢复的湖滨带，一般情况下，人类对陆向辐射带的开发利用比较少，没有湖滨功能区。自然模式主要分为滩地模式、河口模式和陡岸模式。

①滩地模式：采用滩地模式来恢复的湖滨带，一般地形坡度比较平缓，通常以沉积为主，物理基底稳定性好。这种模式是比较理想和健康的模式，土壤、地形、水力条件、气候等都比较适于植物生长，湖滨交错带结构比较完整，湖滨带功能也比较强。这种模式所面临的主要问题是人类围垦、侵占滩地现象严重，滩地面积减少，滩地生物量减少，生物群落退化。滩地湖滨带生态恢复的目标是建立一个无干扰的健康的自然湖滨带。滩地模式恢复工程方案采取以生物措施为主，适当引种土著物种或已消失的土著物种，根据干扰的强烈程度，从陆向辐射区到水向辐射区采用生物 K~对策向 R~对策过渡，湖滨带的宽度应使湖水的作用不超出其范围，以保证陆源污染物不直接入湖。

滩地模式恢复工程的主要任务是消除人为干扰，营建防护林和草地缓冲带，引种挺水植物，恢复沉水植物。等生物量恢复到一定规模时，微生物沿着湖滨廊道迁移过来，会发挥重要的"上行效应"，为保持系统的平衡，适量引进植食性鱼类和杂食性鱼类，利用其"下行效应"进行调节。

②河口模式：入湖河流廊道是湖泊水生生态系统向陆地生态系统的枝状延伸，也是陆源污染物进入湖泊的主要通道，通常在河口沉积较多。这种模式面临的主要问题是河流廊道生态破坏严重，河流的截弯取直、河道的"两面光"工程、河堤植被的破坏等都导致河流自净能力下降，输送的污染物和泥沙量增加。河口模式恢复工程方案采取生物措施和物理工程措施相结合的方式，以生物措施为主，物理措施为辅。建设河流生态廊道和河口湿地，以截留颗粒物和水质净化为主要功能，其他功能有改善河口景观，增加生物多样性，为鱼类产卵、育肥、觅食提供栖息地，促进沉积，防止冲刷，为人们提供生物量等。

A. 河流廊道生态恢复设计。河流廊道生态恢复包括河流防护林建设和水边水生植被恢复。防护林可选种小叶杨、滇杨和池杉。水边水生植被恢复可选择芡草为先锋种，岸边用防浪桩，并用护网连接，为芡草的恢复创造条件。水边植被恢复后拆除防浪桩和护网。

B. 河口湿地设计。河口湿地需要根据河口冲积扇的形状和可利用的土地范围，建设配水工程，在河道上设置闸门，截流平、枯水期的河水和暴雨初期的污染峰，进入配水沟，均匀进入人工湿地，湿地植物可选择芦苇、香蒲和芡草。

③陡岸模式：该模式的陆地生态系统向水生生态系统的过渡出现突变，一般侵蚀比较严重，风浪大，水生生物生存比较困难。该恢复模式工程措施为：在陆地系统建设防护林或草林复合系统，改善陆地环境，防风固土，涵养水源；在水域系统采用人工介质护岸，同时营造适合微生物生存的局部静水环境，培育微生物，净化水质；建设人工浮岛，改善湖岸浪蚀状况，增加沉积，通过浮岛的生物量改善底质状况，促进沉水植被的恢复。水位幅带及湖浪影响的范围内，采用人工辅助措施恢复草被。

（2）人工模式：人工模式是作为湖滨带生态恢复的一种过渡阶段或应急处理方法提出来的。由于长期以来人们为了某种经济利益，对湖滨带进行改造和开发利用，使得湖滨带的一些现有功能在短期内难以协调改变，作为一种应急措施，提出了湖滨带生态恢复的人工模式。

人工模式的景观基质受人为的干扰比较大。人工模式分为两个部分：功能区和过渡区。

人工模式的功能区在陆向辐射带的保护区内，功能区可以在宏观指导下进行有限度的开发利用，对功能区内的人类活动有一些比较严格的要求，尽量减小由于人类活动给湖滨带和湖泊水生生态系统带来的压力，减小人为干扰和污染物排放；功能区以外的湖滨带为过渡区，过渡区的规模相对滩地模式而言被功能区压缩较大，但在相对较小的过渡区内的保护与恢复措施基本上与滩地模式相似，去除干扰，使生境基本保持自然状态，实行隔离保护。人工模式主要分为鱼塘模式、农田模式和堤防模式三小类。

（3）专有模式：自然模式和人工模式都是大尺度的湖滨带恢复模式，

但是由于湖泊功能有多样性，人类为了充分利用湖泊多方面的功能，在湖滨带建设了各种各样的设施，这些设施具有一些特殊的专有功能，如码头、风景点、水边休闲地、湖滨公园、湖滨浴场、湖滨取水点、城市建成区等，这些具有特殊功能的湖滨带的生态恢复也具有一定的特殊性，其恢复模式我们称为专有模式。专有模式要求专有设施在进行各自专业设计的同时要考虑湖滨带的生态环境要求，以保证湖滨带的各项环境功能和生态功能的有效发挥。主要内容包括以下几方面：

①尽量保持湖滨带的自然状态或仿自然状态；

②湖滨带内的设施应不排污或少排污；

③人类活动多的地方应尽量设置缓冲隔离带；

④尽量减少运行过程中对岸边的扰动；

⑤专有模式应考虑截污工程的建设；

⑥在不影响使用功能的前提下，尽量恢复水生植被。

2. 湖滨带生态恢复工程适用技术

在广泛的资料调研基础上，对国内外湖滨带生态恢复工程技术进行综合归纳，整理出以下几项适用的关键技术，下面分别进行介绍。

（1）湖滨湿地工程技术：充分利用湖滨湿地等地形条件，人工恢复或建设半自然的湿地系统，截留入湖地表径流中的颗粒物，净化入湖水质，为动植物提供栖息和生存环境，为鱼类产卵、孵化、育肥、过冬、觅食提供场所，为人们提供生物量，改善湖滨景观。该技术适用于入湖河口的三角洲地带，要求必须具有足够的过流面积，保证行洪顺畅。工程的关键在于配水，主要工程量在于整理地形、引种培育湿地植被，采用的湿地植物主要是挺水植物，如芦苇、茭草等。

（2）水生植被恢复工程技术：水生植被在湖滨带中占据统治地位，水生植被的恢复对湖滨带的恢复至关重要，湖滨带的所有功能都与水生植被有关，同时水生植被还能提高水体透明度，抑制藻类暴发。在湖滨带内应尽可能创造条件，按照健康湖滨带的结构，通过多种技术手段，适度恢复水生植被，优化水生植被的群落结构。该项技术适用于整个湖滨带。该技术已立有专题研究，在此不再细述。

（3）人工浮岛工程技术：人工浮岛就是在离岸不远的水体中，人工建设浮于水中的植物床，植物可采用芦苇，种植可借鉴无土栽培技术。人工浮岛的作用类似于植物带，可以吸收水中的营养物质，促进水中悬浮颗粒物的沉积，同时可以防止湖浪直接冲击湖岸，在人工浮岛与湖岸之间营造一个相对平静的静水环境，有利于水生生物的生长、栖息，减少湖泊水流对湖滨底泥的搅动。该项技术的难点在于浮岛基质的固定和植物的引种。此项技术适用于受风浪侵蚀比较严重的湖滨带。

（4）仿自然型堤坝工程技术：仿自然型堤坝工程主要是依托现有大堤或湖堤公路，对其进行改造，减缓面湖坡的坡度，恢复植被，防止湖浪对湖岸的直接冲刷。这种堤防的主要优点是有利于减少湖岸侵蚀，促进湖滨带内植物恢复，保护鱼类产卵和自然繁育的场所。为了增加景观异质性，面湖坡地形应尽量保持自然状态，坑凹不平的基面有利于多种植物的生存、犬牙交错的水陆交接面有利于增加湖滨交错带的长度，这些都有利于对坡面流污染物质进行截留和净化。另外，为了增强截污效果，堤防的背湖坡侧应设截污沟，截污沟可采用自然沟型，促进沟内植物生长，增强沟的自净和截污作用，收集的污水在进入湖泊之前必须进行适当的处理。

（5）人工介质岸边生态净化工程技术：人工介质岸边生态净化工程是在湖岸比较陡峭，侵蚀比较严重，基质贫瘠，植被难以恢复的湖滨带或者不宜采用其他恢复技术的特殊用途地带，把人工介质（比如底泥烧结体、陶瓷碎块、大块毛石、多孔砼构件等）随意地或以某种方式堆放在岸边，一方面减少湖浪冲刷，另一方面在人工介质体内和体间营造适于微生物和底栖附着生物生存的小环境，以达到净水和护岸的目的。

（6）防护林或草林复合系统工程技术：在湖滨带的陆向辐射带内营造防护林或草林复合系统，是广泛采用的湖泊生态恢复技术之一，并且实践证明卓有成效。在整个湖滨带内应尽可能建造防护林，作为湖滨带状廊道的"防护神"。防护林可以有效地降低风速，减少湖面蒸发，截留污染物，减少径流量（将地表径流转为潜流），涵养水源，为野生植物，特别是两栖动物提供合适的环境。但是，防护林的蒸腾作用也很强烈，对水量平衡有一定影响，因此，防护林应距水边有一定距离。如果水陆交错带内存在草本植物作为缓冲带或者湖滨带的水平植被结构比较完整，可以直接营造防护林，否则，林草间的草林复合系统会更充分地发挥其环境功能。防护林宽度以 30~50m 为宜。

（7）河流廊道水边生物恢复技术：河流廊道水边生物的恢复对河流及其下游湖泊的重要性与湖滨带的生物恢复对湖泊的重要性相似。河流两岸水边生物的恢复可以截留河两岸进入河流的地表径流中的污染物，净化河水，防止河岸侵蚀，保护岸边鱼类产卵和繁殖的场所。入湖河流的河岸基本上有两种：自然河岸和石砌河岸。自然河岸水边生物的结构基本上也是湿生树林、挺水植物、沉水植物，水流缓慢的河道还有一些浮叶植物，水流急的河道则很少存在。石砌河岸，在岸上可以种植防护林，堤内恢复挺水植物如菱草等。

（8）湖滨带截污及污水处理工程技术：对湖滨带的生态恢复来说，消除压力和减少人为干扰是至关重要的前提条件。湖滨带的截污及污水处理工程主要是对未经处理的城市生活污水、工业废水和村落混合污水进行截流，送到污水处理厂进行处理至达标后排放。

（9）基塘系统工程技术：鱼塘是许多湖泊的湖滨带内的主要土地利用形式之一，也是当地居民的主要生活来源之一。但是湖滨带内的鱼塘常由于运行不当给湖泊造成严重的污染。如果将其取缔，则不利于地区经济的发展和人民生活水平的提高，同时也会给湖泊的渔业生产造成更大的压力。对湖滨带内的鱼塘进行改造所采用的林基鱼塘系统工程技术，主要是将鱼塘的生产与防护林营建结合起来，直接从湖中取水，却不直接向湖中排水，鱼塘排水供防护林用水，或被林木吸收，或变成潜流，经土壤微生物过滤净化后进入湖泊，或被林间洼地蓄存起来。塘泥用来护堤、植树或作为肥料回林。该技术的关键是确定林塘比（防护林的面积与鱼塘的面积之比），这个比例有一定的地区差异，也与养鱼技术有关。

六、前置库工程技术

前置库是指在受保护的湖泊水体上游支流，利用天然或人工库（塘）拦截暴雨径流，通过物理、化学以及生物过程使径流中的污染物得到净化的工程措施。

广义上讲，湖泊汇水区内的水库和坝塘都可看作是湖泊的前置库，对入湖径流有不同程度的净化作用。我们这里指的前置库工程，是为了控制径流污染而新建或对原有库塘进行改造，强化污染控制作用的工程措施，通常采用人工调控。

20 世纪 70 年代以来，国外已开展前置库的研究工作，并且前置库在控制湖泊污染时得到应用，如德国 Wabnback 湖利用前置库拦截净化暴雨径流，有较好的去除氮、磷效果；加拿大伊利（Erle）湖利用前置库深度处理二级污水处理厂的出水，同样有去除氮、磷效果；日本琵琶湖也利用前置库处理农田径流，收到较好的去除氮、磷效果。前置库的研究和应用在国外正在发展中。中国自 1980 年以来，逐步开展了前置库工程技术研究，在工作原理、净化机制以及设计参数选取等方面都进行了深入的研究，并且建成了前置库工程，取得了较好的效果。前置库工程技术作为一项适用性新技术，在我国水污染控制中将得到更为广泛的应用。

前置库是一个物化和生物综合反应器，污染物（泥沙、氮、磷以及有机物）的净化是物理沉降、化学沉降、化学转化以及生物吸收、吸附和转化的综合过程，依据物化和生物反应原理，可以有效去除非点源中的主要污染物，如有机污染物、磷、氮和泥沙等。

1. 物理作用

暴雨径流进入前置库后，流速降低，大于临界沉降粒度的泥沙将在库区沉降下来，在泥沙表面吸附的氮、磷等污染物同时沉降下来，径流得到净化。

2. 化学作用

物理作用仅能去除大颗粒泥沙及其吸附的污染物，净化作用往往不理想。径流中的细颗粒泥沙以及胶体较难沉降，可以添加化学试剂破坏其稳定状态，使其沉陷，同时溶解态的磷污染物发生转化，形成固态沉降下来。通常使用的化学试剂有磷沉淀剂（铁盐）、稳定剂和絮凝剂。

3. 生物作用

水生生物系统是前置库不可缺少的主要组成部分，对去除氮、磷污染物具有重要作用。氮、磷是水生生物生长的必需元素，水生生物从水体和底质中吸收大量氮、磷满足生长需要，成熟后水生生物从前置库中去除被利用，从而带走大量氮、磷；径流中氮、磷污染物通过生物转化后，既减少了污染，又得到了再生利用。水生生物不仅能去除氮、磷，也对有机物和金属、农药等污染有较好的净化作用。

前置库工艺流程及组成如下：

暴雨径流污水，尤其是初场暴雨径流通过格栅去除漂浮物后引入沉沙池，经沉沙池初沉沙去除较大粒径的泥沙及吸附态的磷、氮营养物，沉沙池出水经配水水质均匀分配到湿生植物带，湿生植物带在这里起着"湿地"的净化作用，一部分泥沙和磷、氮营养物进一步被去除，湿地出水进入生物槽，停留数天，细颗粒物沉降，溶解态污染物被生物吸收利用，净化作用稳定后排放，出水可以用于农灌或直接入湖。经过多级净化后，径流污染得到较好控制。

第五节　加强农村集中式污水处理站建设运营管理

加强农村生活污水的处理，是村容整治的重要组成部分，是实现"生产发展、生活宽裕、乡风文明、村容整洁、管理民主"建设目标的重要举措，也是社会主义新农村建设的重要内容。农村生活污水造成的环境污染不仅是农村地下水水源地潜在的安全隐患，还会加剧地表水资源的危机，使耕地灌溉安全得不到有效保障，从而危害农民的生存发展。

因此，加强农村污水处理站的建设，不仅是新农村建设中加强基础设施建设、推进村庄整治工作的重要内容，也是治理黑臭水体的重要举措。

近年来，各地政府围绕提升人居环境，建设美丽乡村示范区，在国家财政的大力支持下，逐步构建了县域一体化的污水处理体系，收到了明显的社会效益。但受地理位置、建设成本等因素制约，在农村依然存在污水收集处理盲区、管理盲区。

一、污水处理站在运营管理中普遍存在的问题

笔者在参与一个县级污染源普查中发现，全县乡镇村现有47座集中式污水处理站，在运营管理中普遍存在以下问题。

（一）工作人员水平偏低

为确保乡村污水处理站运营顺利、便于管理，一般管理人员多从当地聘用，但其专业知识、运营经验、处理问题的能力等不符合运营管理的实际要求。同时，由于农村生活污水处理在乡镇处于起步阶段，其管理队伍总体而言水平不高，也影响了污水处理站的运营管理。

（二）运营费用难以落实

农村污水处理站运营费用主要由国家财政拨款和受益群众出资构成，在具体的费用落实上，国家财政拨款程序多、手续复杂，落实需要时间；而受益群众出资，具体的计算标准、收取方式和途径存在一些问题，还有部分群众认为自家产生的大部分污水收集后用于还田了，没必要对污水进行处理，拒绝缴纳相关费用。由于运营费用落实不到位，最终影响污水处理设施正常运行，有的甚至被闲置。

（三）一些已建污水处理站环境问题突出

受工作人员管理能力及责任意识缺乏而不能及时维护保养、运营资金不到位、设计标准过低、收水量较少等因素影响，部分乡镇村已建污水处理站作用发挥不到位，污水处理不到位，有的甚至已停运，导致未经处理的污水流入外界环境，对周边地表水环境造成了一定影响。

二、加强农村集中式污水处理站建设运营管理处理方案

为加强农村生活污水收集、处理与集中式污水处理设施建设和管理，避免因生活污水直排而导致的农村水体、土壤和农产品污染，确保农村水源的安全和农民身心健康，应采取以下措施。

（一）对拟建污水处理站做足准备工作，提高项目建设质量

农村的经济社会发展水平、区域特点、自然地理条件和环境目标不尽

相同，要因地制宜地确定各乡镇村生活污水处理的技术路线，使生活污水的处理实现无害化和资源化。比如，在一些村庄分布密集、经济发展水平较高的农村地区，高效强化的微动力生态处理集成技术与设备具有很大的技术经济优越性。再如，其他集中供水的乡村地区，则可根据其地方经济发展状况和水环境保护目标的要求，通过改造农村的河道、水塘和湿地，构建适度强化的无动力复合生态处理集成系统；这些集成技术和设备因其低成本、高效率、无动力或微动力等显著特点，具有在集中供水条件下处理农村生活污水的潜在优势。同时，提前做好污水处理厂地址选择、设计规模等方面的资料准备工作，确保申报工作尽早落实。

（二）严格把关，提高污水处理设备采购质量

目前小型污水处理装置的市场竞争非常激烈，一些地方甚至存在恶性竞争现象，而且设计不规范，缺乏统一的技术要求和设计标准，为将来的运行管理带来了很大的风险和隐患。相关部门应密切配合，坚持公开、公正、公平、科学的原则，充分论证并提出针对分散性污水处理的技术标准、设计规则与操作规范，使工程设计标准化和运营管理规范化。在工程建设过程中，相关部门应协助处理好配套设施修建、用地选址矛盾化解等工作，加快工程建设进度。

（三）协助管理运营，提升管理效能

地方政府应采取措施协助乡村污水处理站做好人员培训、资费标准设定、费用收取等方面的工作，确保乡村污水处理站运营顺利，实现效能最大化。

（四）强化监督检查，确保达标排放

地方生态环境部门要主动履行职责，通过定期检查、接受群众举报等途径协助当地政府做好乡村污水处理站日常管理工作的监督检查，确保其运行规范、达标排放，让农村环保工程真正发挥作用。

第六节　区域水污染防治

　　水污染防治是一项系统工程，防治水污染不仅需要考虑单个的工厂，还需要考虑它们所处的政治社会、城市、工业及农业系统。这些系统对生态的不利影响，是水源污染的真正原因。例如，流行的高投入农业体系，不仅通过大量使用农业化肥破坏了土壤及土壤下面的水质，而且农田地表径流污染了河流、湖泊。以轿车作为主要交通工具、地盘不断扩张的城市体系，不仅产生了大量破坏气候的温室气体，也通过石油化工产品、重金属和污水破坏了水环境。

　　水污染防治与水质规划密切结合，形成了区域水污染的防治技术，是从流域或大的区域角度来分析水污染问题，提出治理水污染的途径和方法。近年来，区域水污染的防治技术发展较快，也取得了明显效果，我国的三湖三河一海治理都运用了区域水污染防治的技术路线，以下对所采用的技术路线进行简要介绍。

　　1. 水环境问题的诊断分析

　　防治区域水污染，首先应调查研究区域水污染状况，查清水污染物的来源，确定主要水环境问题，主要包括有机污染、富营养化、生态破坏、重金属污染、泥沙淤积、咸化等，筛选确定主要污染物和污染源，评估污染损失。

　　2. 水质规划研究

　　对水体进行功能区划，明确水质保护目标，应用水质模型或生态模型，研究水污染规律和主要水污染物的负荷量。

　　3. 目标

　　区域水污染防治的目标包括水质目标和主要污染物总量控制目标，应提出分阶段的保护目标。

　　4. 目标分解

　　依据确定的区域或流域水污染物总量控制目标，将污染物允许排放总量分配到排污口。

5. 实施计划

制订水污染物总量控制的实施计划，落实到污染源，提出备选项目和主要技术经济指标。

6. 优先控制区域单元

区域水污染防治受技术和经济水平的制约，大流域或区域往往很难一步到位，因此应筛选确定主要的控制区和单元，进行重点的治理。

7. 方案的技术和经济可行性论证

对完成的水污染物总量控制方案进行技术和经济可行性分析和论证，确定最优技术方案。

8. 组织实施与监督检查

为保证水污染防治计划的落实，应制订有效的组织框架、保证措施和监督方案。

第四章

水环境监测与治理体制改革分析

第一节　生态系统方式理论下的水治理问题

生态系统方式是一种解决跨领域、复杂资源环境问题的综合、系统管理方法，通过建立综合管理体制，综合决策，统一规划，加强跨部门、跨行政区在法律、政策、规划和行动上的沟通和协调，寻求多种目标之间的平衡，实现公共利益的最大化。生态系统方式理论要求对水的多种属性和功能，包括水、气、土在内的各类生态要素，以及污染物、污染源、污染介质等实施统一规划、综合管理、强化协调，由分散逐步趋于统筹乃至最终统一管理。

一、水的多种属性、功能交织关联，决定了水治理体制必须跨部门和跨区域统筹协调、协同管理

水具有经济社会和自然生态等多种属性，功能涉及农业、工业、交通运输、能源建设、人民生活等多个领域。各国水治理体制最初都是从水的不同功能出发来管理水的，我国目前水治理体制主要采取统一监管、分工

负责制，分属环保、水利、电力、农林、城建、地质矿产、水产、交通等部门，从这个意义上讲，"九龙治水"具有阶段性的存在客观必然性。对于幅员辽阔、资源环境复杂多样的发展中国家，完全通过一个部门实施统一监管显然是十分困难的。但现行体制分割了水治理链条的各个环节，过分破碎化且职能分工不清晰，加强协调是由水的多种属性功能本身确定的，也是应最先予以治理的着力点。

同时，水功能的发挥不因行政区划而发生改变，对水功能的管理需联合不同区域共同进行。通过跨部门与跨地区的协调管理，可以完善水的全链条治理体制，在满足生态系统自然规律的前提下，充分发挥水的四种属性，实现经济社会和自然生态效益的最大化。

二、水治理体制具有多重目标，对其经济社会价值和自然生态价值的管理服从不同的规律

对于不同的水治理主体，水治理目标具有多样性和差异性。例如，水资源开发部门的水治理目标，更多的是以保护水量为重点，强调经济属性，确保其资源开发利益的最大化。其对水质的保护不应污染影响水资源的可利用性，而是从保护资源经济价值的角度考虑，对水生态的保护等以水为介质的自然生态环境属性功能价值等往往并不涉及。又如，渔业部门的水治理目标，虽然会考虑水生态系统的保护，但也是从渔业利益最大化出发，不会过多地强调水生态系统的生物多样性保护。

在保护水资源经济价值和支持经济社会发展功能的同时，目前水治理更加强调保护水体生态系统、水环境中生物的多样性，以及水作为环境介质的功能，国家要以生态环境的代表人、守门员的身份出现，可为社会公共利益与生态环境效益目标的实现提供有力保证。

三、水污染物产生的主体是经济产业部门和居民，治污主体责任不是水资源开发部门，污染防治监管职责与水资源开发环节无内在联系

水治理涉及水的资源开发、资源配置、资源使用、污染物排放、污染治理、生态保护等许多环节。水治理体制中，开展水污染防治工作需首先明确管理对象，即排污主体。水资源开发配置可能会产生生态破坏问题，但水污染物是在水的经济社会循环利用环节中产生的，排污主体包括工业、农业、生活用水主体，而不是水资源开发部门。水资源开发配置环节与水的使用及纳污环节的主体、过程（取水和用水排水）、特征等相对分离，因此水污染防治主体职责应该是经济产业部门和居民。这一点与矿产资源开发部门承担治污责任不同，水污染责任主体与水资源开发和配置并无直接关系，水污染防治的监管职责理论上是与水资源开发环节部门分离的。

四、水的自然生态价值、经济社会价值在政府管制理念上具有本末关系和相互矛盾，水资源开发与保护监管应相对分离制衡

生态系统的自然资源观已经不再是传统经济理论中的商品价值，而是包括了生态系统的内在价值或者自然价值。《淮南子》中提到"不竭泽而渔"，这就表明了人类不应破坏自然界的规律，为了一时之利而使生态环境遭到不可挽回的破坏。水的经济社会价值与自然环境价值相当于"利息"与"本金"的关系，只有将保护水生态系统及其完整性置于优先地位，才能充分发挥好水的社会经济价值。

水资源开发利用是逐利下的常态行为，与保护监管存在相互对立的管理目的。我国现行的水资源宏观管理体制恰恰是由水行政管理部门同时负责水资源开发利用和保护管理，极易造成重经济效益而轻生态环境保护的后果。因此，水的这种多价值特征决定了水的治理需要制衡体制，水资源开发与保护职能需分离，避免生态环境效益让位于部门经济利益。

五、水环境保护是污染防治、资源保护和生态保护三位一体的体现

水环境保护应包含水污染防治、水资源保护、水生态保护三个方面，这也可从联合国发布的有关环境保护的重要文件中得到印证。1972 年《联合国人类环境会议宣言》第 3 条，列出了人类面临的环境问题包括对水、空气、土壤以及生物的污染损害以及对生态平衡的扰乱和对不可替代资源的破坏。1992 年《里约环境与发展宣言》在原则第 7、第 12 和第 15 款中，将环境污染、生态失衡、资源枯竭等统一表述为"环境退化"。

保护生态环境就是保护自然资源的形成基础。从自然资源的定义看，自然资源就是自然环境的一部分，凡是能够为人类生存与发展提供所需要的物质或服务的任何环境成分都可以归为自然资源范畴。同一种自然要素，如果从经济和实用的角度考虑，可称其为"自然资源"，如果从环境功能的角度出发，则称其为"环境"。正因如此，《中华人民共和国环境保护法》明确界定"环境"是指影响人类生存和发展的各种天然的和经过人工改造的自然因素的总体，包括大气、水、海洋、土地、矿藏、森林、草原、湿地、野生生物、自然遗迹、人文遗迹、自然保护区、风景名胜区、城市和乡村等。自然资源不仅是传统经济理论中的商品价值，同时也包括生态系统的内在价值，这就决定了水治理既要包括资源利用过程的节约、高效使用管理，也要包括对其形成的自然基础即自然生态系统的保护管理。

水资源保护是从资源价值保护的角度提出的单一保护要求，水资源保护目标与水环境保护一致，但不涉及其他生态系统保护和污染防治内容，其内涵从属于水环境保护。近年来，在全国多年管理和实践中沿用的水环境功能区、水环境容量、环境监测、水环境评价概念基础上，不断创新"构造"了不少内涵基本相同的水功能区、纳污能力、水资源监测评价等水资源保护"特色用词"，扩大了水资源保护属性内涵，人为造成了制度政策冲突，是水利和环境部门职能交叉重叠日益严重的最主要原因。

生态保护和污染防治两者紧密联系，互为因果，相互促进，是"一体两面"。水污染会损害生态系统功能，生态破坏会加剧污染程度；环境保护能够有效促进水生态系统功能，水生态保护也能增强水生态系统服务功能，提升水环境容量和承载能力。同时，污染不仅仅是一个化学过程，还是一个生态过程，其危害和影响不仅会通过食物链的传递得到积累和放大，还会通过生物迁徙、大气和水循环，在大气圈与水圈之间、陆地和海洋之间、地表和地下之间迁移、转换、扩散，导致生物多样性降低、食物链和食物网简单化，最终影响生态系统的功能。因此，彻底系统的污染防治必须是生态系统健康型的，水治理体制管理必须实现污染防治和生态保护一体化。

六、遵从山水林田湖的共生性，水治理体制必须与多个生态环境要素综合保护相协调

组成生态系统的各项生态环境要素不可分割，各要素形成的结构和功能关系不能打破，水治理体制改革要遵循山水林田湖的系统性、整体性，进行综合监督管理，实现要素综合、职能综合、手段综合（见图4-1）。

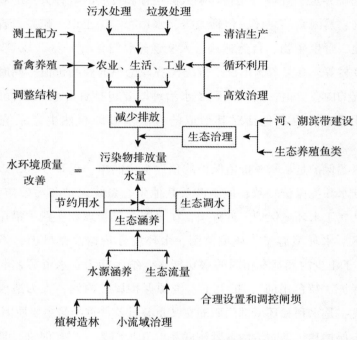

图4-1 山水林田湖系统管理

2007年联合国发布的《可持续发展世界首脑会议实施计划》中强调，"为了尽早扭转目前自然资源退化的趋势，有必要在国家和适当的区域层面，实施目标明确的生态系统保护、土地、水和生活资源综合管理的战略"。

山水林田湖是一个生命共同体，人的命脉在田，田的命脉在水，水的命脉在山，山的命脉在土，土的命脉在树。山水林田湖的核心思想就是要重视生态系统各组成部分功能上的密切联系，寻求多种目标之间的平衡，以及整体利益的最大化，建立多个生态环境要素的综合保护机制。

七、生态环境诸要素具有交互影响、相互转换的客观规律，决定了水、气、土治理难以分割管理

大气中的污染物通过大气沉降和降雨等方式影响地表水环境质量。例如，根据密歇根湖的污染源解析，湖体大约有 20% 的磷污染来自大气环境；大量化肥和农药的使用以及部分地区长期利用污水灌溉，对农田及地下水环境构成危害，农业区地下水氨氮、硝酸盐氮、亚硝酸盐氮超标和有机污染日益严重；多种污染物同时存在，并共同对大气、水体、土壤、生物和人体产生综合性的复合污染。近年来，在我国的许多地表、地下水中检测出了上百甚至几百种有机物、重金属以及氮、磷等特征污染物，水质污染呈现明显的复合特征。为实现对水治理的全过程控制，必须坚持污染物、污染源和污染介质三位一体的统筹管理，水、大气、土壤之间交互影响的源汇关系难以厘清，决定了水、气、土必须宏观布局，系统治理，整体施策，方能见效。

八、污染物产生、传输相间污染、复合污染的内在特征，决定了污染源监管统一性

从污染源的多重属性及管理规律上讲，同一污染源的多污染行为，同时影响水、大气和土壤，重金属、垃圾渗滤液等污染物也会从水体转移到污泥和土壤过程，污染介质之间也会相互影响形成跨介质污染，污染物的污染行为、特征和污染路径复杂性决定了水、气、土不能人为分割管理。污染源的管理方式具有共性，对污染源的监督管理具有天然的不可分割性。这是服务于行政相对人的必然要求，也是水治理体系必须遵循的客观规律和实际特征。

九、陆海源汇响应关系及其生态系统关联性决定了水治理必须坚持水陆统一，河海统筹

海洋和陆地作为地球上最大的两个生态系统，二者唇齿相依，互为依托，存在明显的污染汇源关系。陆地是海洋污染负荷的最大来源，85% 以上的入海污染物来自陆源；海域是陆域气候环境的重要调节器，是陆地生

态系统维持稳定和健康的生态屏障，同时，也是人类社会赖以生存和发展的基础。相反，陆域也是海洋开发和保护的重要依托。国际经验表明，实施海岸带综合管理是近岸海域和近海陆域统一、统筹开发保护的管理模式，同时也是为了实现可持续地开发、利用和保护滨海地区及其资源所进行的持续的、交互式的、多方参与的、动态的决策管理过程，其基本目标是获得海岸带资源产生的最大利益，减少人类活动与海岸地区可持续发展之间的矛盾，并降低各种开发活动对环境造成的影响。

第二节　公共管理和国家管理下的水治理问题

按照公共管理理论，大部门制、中央与地方关系、区域合作等理论的核心均在于权力结构，而权力结构与部门划分、权责配置和任务环境密切相关，具体包括部门划分与权力结构相互塑造、权责配置与权力结构相互统一、权力结构需要适应任务环境的属性。

与传统自上而下的政府管制不同，治理理论核心强调政府职能的有限性和服务性，力图构建政府与市场、国家与社会多元共治的模式。在这个语境下，治理是各利益主体平等参与、共同协商和有效谈判的过程，是公共、平等、共同的治理，强调治理主体多元、治理过程互动、治理对象参与、治理手段多样。

一、基于部门划分理论，实现水治理从过程型组织转向目的型组织

根据部门划分理论，目的型部门划分能比过程型部门划分带来更大的自给程度和更低的协调成本。而现有的水管理职能散落于各水管理职能部门，体现的是技术导向的过程型管理，水治理的自给难度大，部门间协调成本高，亟须向目标型管理转型。从水的系统性出发，逐步构建综合化、宽职能部门设置的大部门体制，合理配置水的资源产权、开发利用和生态环境保护职能，体现水治理的经济社会和自然生态两大目标，并降低协调

成本。同时，建立专业化的水治理执行机构，通过专业化治理水平提高治理效率。水治理是综合性、系统性工程，其最终目标是削弱水灾害、减缓水短缺、防治水环境污染与降低水生态损耗，以实现经济、环境和社会的可持续发展。

二、基于综合管理理念，强调水治理相关部门的协调合作

从发达国家的水污染管理经验来看，推行综合管理，是有效解决水资源和水环境管理问题的基本趋势。综合管理，是指通过跨部门与跨地区的协调管理，开发、利用和保护水、土、生物等资源，最大限度地适应自然规律，充分利用生态系统功能，实现经济、社会和环境福利的最大化。各国的实践证明，综合管理提供了一个能将经济发展、社会福利和环境的可持续性整合到决策过程中的制度与政策框架。

综合管理不是原有水资源、水环境、水土流失等要素管理的简单加和，而是基于生态系统方法和利益相关方的广泛参与，试图打破部门管理和行政管理的界限，采取综合性措施，是一种"多元共治"模式，其特征是统筹、协调和平衡。

三、坚持权力制衡要求，实现开发与保护、执行与监督职能相分离

根据权力制衡理论，将决策权、执行权和监督权相分离，并在内部塑造制衡机制是新的改革方向。决策权上收，一部分保留在政府部委顶层，另一部分转移给权力机关（国会、议会或人大等）；执行权尽可能下放，便于执行过程中自由裁量权的实现；监督权的配置则是权力机关独立监管、政府部委统一监管和社会监督三者的有机结合。

目前，水资源的配置开发与保护监督职能同属一个部门，它们既当"运动员"又当"裁判员"，部门性质和长期运行模式也决定了其难以处理好开发利用和保护监管的关系，导致中国水管理重开发利用、轻环境保护，水污染、水生态恶化等问题日益严重。政府是经济发展的责任主体，同时又需对水环境质量负责，在水资源开发利用与保护存在较大目标冲突时，若缺乏有效的权力制衡，就很难做到开发与保护的均衡管理。

四、基于权责统一理论，科学配置中央与地方水治理职责权限

权责配置强调权力下放、权与利分离基础上的权责统一，厘清中央与地方的事权责任，是适应财税体制改革、建立现代化治理体系的重要举措。根据水环境事务的外部性、辅助性等原则，水治理要强化中央决策的统一和上收，地方管理权适当下放，以及地方水治理体制的多样化和地方化。

合理划分各级政府的水治理事权，充分体现宏观调控与微观管理相结合的原则，是我国政府职能转变的基本要求。为此，要按照不同的管理层次配备不同的水治理职能，中央政府的职能主要是进行宏观调控，完善顶层设计，协调解决跨区域、跨流域的水治理问题。地方政府必须自觉服从中央政府的水治理目标和总体部署，自觉服从国家对区域、流域水治理任务的统一协调，落实各项水治理任务。

五、新权变整合理论强调任务环境与权力结构的弹性以增强适应能力

无论是集权，还是权力下放，都各有优劣。哪些优势具有决定性意义取决于外部的任务环境。最佳组织往往是适应任务环境，能灵活地调整组织结构和权力结构的组织。战略选择、技术、结构和管理理念或哲学等重要变量之间的关系构成组织的新权变整合理论。流域网络治理机制集中体现了该理论的思想。

流域网络治理机制采用政府、企业、社会等多元合作的方式。因各个治理主体的地位、职责、权力关系各不相同，通过协调和处理多元主体利益间的关系，包括中央与地方之间、流域上下游之间、政府与企业之间、企业与社会之间等多种利益结构，在坚持个体利益服从集体利益、局部利益服从整体利益、短期利益服从长远利益的原则基础上，针对流域环境问题，经过反复谈判与协调，逐步建立以流域为主体、符合流域特性的水环境治理体制和协调体制，最终实现水环境治理公共利益的最大化。

六、基于区域合作理论和流域综合管理理论，建立跨区域合作和流域协作机制

流域的概念体现为地理学中区域的概念，即以流域为区域的自然结构和人地关系系统。然而，流域与普遍意义上的区域有所不同，作为地球表面相对独立的自然综合体，流域是大气圈、岩石圈、陆地水圈、生物圈以及人文圈相互作用的连接点，是各种人类活动和自然过程对环境影响的汇集地和综合反映。流域以水为纽带，将上、中、下游组成一个普遍具有因果关系的复合生态系统。流域作为完整的自然地理单元和独特的人文地理单元，其上下游之间相互联系、相互作用、相互影响，这一特征决定了流域管理必须是一种跨部门和跨行政区的综合管理。

早期的流域管理主要是针对水资源应用和旱涝灾害防治，流域水资源量及水文过程是流域管理的主要内容。近年来，随着水环境问题的日益突出，人们普遍意识到水文系统与其他自然系统及社会经济系统联系密切，综合管理就是要从流域复合系统的内在联系出发，应用多目标优化的观点，实现流域开发经济目标、生态目标和环境目标的高度统一。

综合管理应该是一种非集权的分权决策，体现生态、文化、社会和经济目标的综合和集成。流域综合管理是以流域为单元，在政府、企业和公众等共同参与下，应用行政、市场、法律手段，对流域内资源全面实行协调的、有计划的、可持续的管理，促进流域公共福利最大化。流域综合管理的特征主要体现在流域上中下游之间的协调，部门间的协调，政府间的协调，政府、企业以及公众利益的协调以及保护和发展的协调等方面。

另外，中国现有的水治理呈现出区域性和流域性交叉共存的特点，决定了单纯的流域机构治理体系难以有效实施。京津冀、长三角、珠三角、山东半岛、辽中南、中原、海峡西岸、川渝和关中等城市群快速崛起，以及新型工业化和农业现代化过程中伴随的水治理问题，已经超越了固有的流域特征，跨区域协调的水治理问题将是未来水治理的重点和难点。南水北调等跨流域调水产生的受水区和输水区联动互助治理，也超越了简单的流域治理模式，单靠流域机构的治理体系难以应付。国外的流域委员会也

仅仅是一个议事机构，往往并不是一个组织机构。流域委员会、流域会商管理模式比流域机构的治理模式更能淡化部门利益，形成合力。

七、基于公共物品理论，水治理体系要厘清政府与市场的关系，更加强调抓好自然生态功能价值的保育与公共服务的供给

环境与自然资源具有典型的公共物品特性，需要从公共服务端角度进行有效的管理，重点强调政府主体责任、公平的管理原则和公共支出的支持。

水的公共物品属性决定了水治理应当作为政府的一项基本职能。由于水属于公共物品，一旦受到污染或者破坏，就会对国家利益和公共福利造成损害。市场本身不具备保护水环境的能力，反而经常是水生态环境破坏的主因。政府必须承担起保护水环境和资源的责任，即使是利用市场手段保护环境，也需要在政府监督下实施。

在水治理体制中，政府要完善顶层设计，建立科学有效的制度体系、组织体系和实施保障体系，并保证其稳定运行，通过水治理体制的完善，在抓好自然生态功能价值保育的基础上，有效地增加良好产品的公共服务供给。市场主要通过竞争行为，完成包括水利工程建设和污水处理设施建设等在内的治水设施建设，并保证其稳定运行，为政府和社会提供良好的公共服务。

第三节　生态文明建设下的水治理问题

党的十八大报告提出要大力推进生态文明建设，明确了优化国土空间开发格局、全面促进资源节约、加大自然生态系统和环境保护力度、加强生态文明制度建设的战略任务。其中，对水治理提出了明确要求。在优化国土空间开发格局上，提出要给子孙留下天蓝、地绿、水净的美好家园，保护海洋生态环境；在全面促进资源节约上，提出要加强全过程管理，大幅降低水消耗强度，加强水源地保护和用水总量管理，推进水循环利用，建设节水型社会；在加大自然生态系统和环境保护力度上，提出要加快水利建设，增强城乡防洪抗旱能力，强化水污染防治；在加强生态文明制度建设上，提出要完善最严格的水资源管理制度，建立水资源有偿使用制度，开展排污权、水权交易试点。可见，水治理是生态文明建设的重要内容，与水相关的开发、资源节约、生态保护、制度建设等是生态文明建设需要解决的重大问题，完善水治理体制也要在生态文明体制改革的背景和框架下进行。

一、在可持续发展理论下看待环境的基础性地位和主阵地作用

20 世纪末至今，可持续发展已成为国际发展的主流意识形态。1987 年，世界环境与发展委员会发布的《我们共同的未来》首次提出可持续发展，"旨在促进人与人之间以及人与自然之间的和谐"。环境是可持续发展理论的基石，在可持续发展理论的环境—经济—社会三大维度中，环境（包括资源开发、利用与保护）成为国际社会、各国追求观念之变、制度之变、技术之变、行为之变的起源、出发点和落脚点。

作为资源环境基础较差的后发赶超大国，我国在国家基本制度尚未现代化、现代治理能力相对较弱的前提下，压缩式地快速工业化、城市化，导致资源环境压力陡增。1994 年，我国发布了《21 世纪议程——中国 21 世纪人口、环境与发展白皮书》，成为世界上最早提出 21 世纪议程的国家。党的十八大报告明确地提出了推进生态文明建设的基本途径即"五位一体"总布局，要求"必须树立尊重自然、顺应自然、保护自然的生态文明理念，把生态文明建设放在突出地位，融入经济建设、政治建设、文化建设、社会建设各方面和全过程"。"五位一体"比国际可持续发展的支柱多了政治和文化建设，这主要由国情和发展阶段不同所致，生态文明可以作为国际可持续发展理论的强化版本或者 2.0 版本。但其核心思想仍是将环境融入政治、经济、社会、文化发展的进程之中，环境在中国的可持续发展进程中仍将处于基础性地位，并发挥主阵地作用。水作为一种重要的环境资源，水资源承载能力、环境缓冲能力和水生态系统的健康程度成为

决定可持续发展水平的基础性支撑能力。

二、必须放在生态文明体制改革的大背景下完善改革水治理体制

水资源是资源环境领域的重要因素之一，水治理体制与国土、森林、大气等资源环境要素的治理体系相同，都是生态文明体制的组成部分。同时，由于水资源具有经济社会和生态环境的双重属性，水治理体制还应当是生态环境保护管理体制的组成部分。

水治理体制与国土、森林、大气等资源环境要素的治理体系同属生态文明体制的重要组成部分。水作为一种自然生态要素，水治理体制应当是生态文明的组成部分，应被纳入生态文明体制的整体框架，加强与其他要素的统筹衔接以实现生态环境的整体性。建立和完善水治理体制，就要对当前的水资源资产管理、水资源开发利用、水生态环境保护管理体系进行系统变革，使其适应生态文明建设的要求，为实现美丽中国的宏伟目标提供支撑，是生态文明体制改革的重要领域。

水治理体制尤其是水生态保护和水污染防治不仅是生态文明体制，也是生态环境保护管理体制的重要组成部分。综合考虑现阶段我国国情、环境污染压力、生态与资源保护的统一性等因素，生态环境管理体制从广义到狭义，包括三种范畴：①将自然资源与生态环境统筹考虑，对自然资源开发利用和生态环境保护进行统筹管理；②考虑生态系统的完整性，以生态系统管理为原则，将生态保护与环境污染防治统一管理，但并不涉及自然资源产权和资产的监督管理；③在现有环境保护体制框架下，强化对所有污染物、污染源和污染介质的统一监管，并建立统一的自然生态保护监管体制。在上述三种范畴中，水治理都是其中的重要组成部分。

（1）在对自然资源开发利用和生态环境保护进行统筹管理时，水治理体制作为一个整体，与国土、森林、大气等自然资源和环境要素的治理体系共同构成了生态环境的管理体制。

（2）在将生态保护与环境污染防治统一管理时，对于水的生态环境属性的管理，包括水资源开发利用对生态环境影响的监管、水生态系统的统一保护和修复，以及对水污染防治的统一监管等都是生态环境保护管理体

制的一部分。

（3）在现有环境保护体制下进一步强化统一监管职能时，水生态系统的统一修复、水污染防治的统一监管仍然属于生态环境保护管理体制的范畴。

三、在强化产权管理、用途管制和保护监管的原则下完善改革水治理体制

根据党的十八届三中全会的要求，要建立由自然资源资产管理体制、自然资源监管体制、生态环境保护管理体制等构成的生态文明体制。在水资源环境领域，需要加强水资源的产权管理、用途管制和生态环境保护。

从提高水资源利用的经济效率和保障生态环境用水权出发强化产权管理。在现行法律框架下，水权归国家或集体所有，但在水资源开发利用过程中实质上却归部门或者地方所有，水资源的所有权、经营权和使用权存在严重的分离，导致水资源优化配置障碍重重。现有水资源使用管理体系容易忽视生态环境用水权。现阶段生产用水仍然存在挤占生态用水的问题，虽然在水资源分配上，明确了生态用水的比例和使用量，但在实际执行过程中，很多地方将生态用水用于农业灌溉和工业生产，影响了区域生态的保护和建设。水资源是一种经济资产，作为生产生活用水应纳入自然资源产权权利体制，通过水资源使用权的明晰和合理分配促进水资源的高效利用，避免多数人利益损失的"公地悲剧"发生。水同时也是一种生态资产，自然资源产权管理体系也要保障生态环境用水权，避免水资源过度开发对生态环境产生严重的负面影响。

从水的社会经济和生态环境双重属性出发加强用途管制。在经济用途方面，要遵循集约和节约的原则，明确水资源资产和水环境资产产权，加强水资源利用的管理和监管，运用行政、价格、市场等手段提高水资源的利用效率，提升水资源价值；在生态用途方面，要对水生态空间的用途进行监管，划定水生态空间开发管制界限，保障生态流量，提升水环境自净能力和水生态修复能力。

从生态系统综合管理出发加强水的生态环境保护。加强生态环境保护领域，一方面是要以水资源可持续利用为基本要求，加强水安全管理，主要包括提供安全和充足的水以及卫生环境，满足基本需要；另一方面是要遵循生态系统方式原则，加强水生态系统保护的统一监管和治理。这种监管包括三个方面：①对水资源开发和利用的执行情况以及开发利用过程中的生态环境影响进行监管；②从生态系统的完整性出发，对流域、海洋、地下水生态系统进行统一保护和修复；③对水环境的污染来源和介质进行统一监测和监管。其中，生态系统修复和水污染防治、水质和水量的监管应当是统一且不可分割的。

四、坚持在强化污染源、污染物、介质统一监管的基础上完善水治理体制

生态环境保护管理体制的改革需要建立统一监管全部污染物排放的环境保护管理制度，独立进行环境监管和行政执法，对工业点源、农业面源、交通移动源等全部污染源排放的所有污染物，以及大气、土壤、地表水、地下水和海洋等所有纳污介质统一加强监管。作为生态环境保护管理体制的组成部分，水治理体制的完善也需要围绕水环境质量管理这一核心，加强对水污染的统一监管：①基于污染物的相间转移特性，将水污染物纳入所有污染物的统一监管体系；②基于污染主体的多污染物排放特征，按照由一个部门监管同一个排污主体的原则，对污染源实施统一监管；③要立足山水林田湖的生命共同体，统筹自然生态各要素，对大气、土壤和水体等所有纳污介质进行统一监管和治理，把治水与治山、治林、治田、治湖有机结合起来，从涵养水源、修复生态入手，统筹上下游、左右岸、地上地下、城市乡村、工程措施非工程措施，协调解决水资源、水环境、水生态、水灾害等问题。

第五章

水环境监测与治理体制的改革思路

第一节 水环境监测与治理体制的基本原则

一、问题导向，远近结合

水体制改革的核心就是处理生态系统的整体性和政府运行的部门性、分割性之间的矛盾，要依次把协调、衔接、综合、统一管理作为解决问题的路线图。坚持以解决现有水安全问题为根本出发点，以水治理体制的完善为落脚点，将顶层设计和"摸着石头过河"相结合，有序、有度地推进水治理体系的协调、规范和统一，促进水治理体系的简洁化、高效化和综合化。

二、统筹衔接，综合管理

从山水林田湖的共生性出发，科学把握同一污染源的多污染行为，各种污染物交互作用以及水、气、土跨界交互污染等客观规律，坚持水量和水质的统筹衔接，对水污染防治和水生态保护实施统一管理，打破区域和流域界限，促进跨区域合作和流域协作，以维护生态系统完整性为目标强化水系统与其他生态系统的协同管理。

三、统一决策，分权实施

鉴于污染防治和生态保护的内在统一性以及水质水量协同保护的不可分割性，建立统一规划、统一监测、统一监督的水治理决策体系，对不同水管理职能进行适度集中，开发利用、产权管理和环境保护等职能部门依法履行各自职责。尊重区域和流域特征，探索实施主体的多元化和多样化，促进跨区域合作和流域综合管理。

四、职责明晰，权责统一

按照当前水治理的关键任务和公众对资源环境问题的认知，加强部门责权配置，明确权力清单和相关责任，建立分工合理、配合有序、行动有效的水治理行动体系。合理界定中央和地方之间的权限和职责范围，强化地方履行资源生态环境保护的责任，以及中央决策的顶层设计和宏观指导，下放管理权限，推行地方水治理体制的多样化。

五、政府监管，市场运作

坚持政府和市场两手发力，政府负责资产产权登记、国土开发利用空间管制，加强生态环境保护监督管理以及提供公共服务等事项；通过价格和税负等市场手段的应用，促进水资源节约、优化配置和水环境保护，核心是要将水利工程建设和治污工程建设等归还给市场，解决政府越位和错位等问题。

六、多元共治，制衡监督

合理界定政府、市场和社会的责任和权限边界，实现从一元单向治理向多元交互共治的结构性变化，坚持依法治理，围绕水治理的核心目标，逐步形成各方良性互动、理性制衡、有序参与、有力监督的社会共治格局。

第二节 水环境监测与治理体制的改革方向

一、坚持在国家资源环境管理体制框架内完善水治理体制

党的十八届三中全会审议通过的《中共中央关于全面深化改革若干重大问题的决定》提出了健全国家自然资源资产管理体制、完善自然资源监管体制的具体要求。水治理体制须与国家资源环境管理体制相适应，对水的产权管理、开发利用、水生态保护及水污染防治三大部分实施相应的改革安排。

水的自然资源资产管理体制、自然资源监管体制和生态环境保护管理体制之间的关系如图 5-1 所示，其中虚线代表各水治理职能之间的关系。

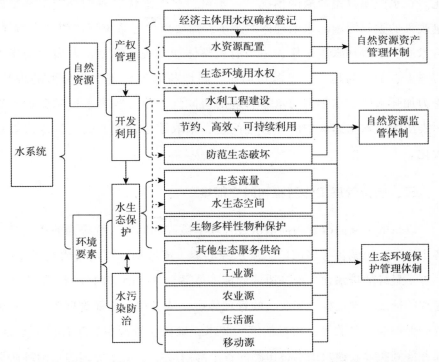

图 5-1 自然资源资产管理体制、自然资源监管体制和生态环境管理体制的关系

水作为自然资源，对其治理包括两部分：①以产权为核心的自然资源产权管理，其经济主体用水确权登记、水资源配置、生态环境用水权等职能可划入自然资源资产管理体制；②对水资源进行开发利用，其水利工程建设、水资源的节约高效与可持续利用、防范生态破坏等职能可纳入自然资源监管体制。

水作为环境要素，对其治理主要包括水生态保护与水污染防治两方面，具体职能表现为保护水生态系统、防治各类污染源排放的水污染物等方面，这两大类职能及生态环境用水权管理、防范水资源开发利用过程中的生态环境破坏职能，均可划入生态环境保护管理体制。

二、坚持水质、水量、水生态综合管理、统筹推进

污染物通过水循环过程在大气、土壤、植被和各种水体之间迁移转化。在水资源日益紧缺的情况下，水量、水生态状况成为影响水环境质量改善的重要因素。水治理体系改革，需要以生态系统管理理论为指导，将水质、水量和水生态作为一个有机整体加以统筹谋划，着力改变岸上与岸下、地表与地下、点源与面源、陆地与海洋监管空间分离的现状，着力加强水质、水生态与水量管理的协同性，着力解决水资源保护与水污染防治、水生态保护的相容性问题，采取综合管理方式使治水成效最大化。

三、坚持管理工作流程和时空衔接

以目的为导向改变当前治水过程环节破碎的问题，统筹当前水治理的各个环节，协调各管理部门，从水源涵养、流域调水、城市农村供水等，一直到最终的排水建立统一协调的标准体系，去除因部门分割、标准不一导致的扯皮。确定权责相统一的管理体系，从工作上统筹管理概念，对资源的保护应包含数量、质量的统一要求，确保水资源保护工作内容明确，任务落到实处。涉及山水林田湖的各个部门应建立相互协调的水治理协调机制，通过建立操作性强的体制机制，优化管理工作流程。

四、坚持经济社会属性与自然生态属性相对独立、内在协调

各种水体都具有经济和生态的双重属性。一方面，需要运用不同手段和规律进行管理。水体的经济属性管理主要体现为水量分配与供应，提高水资源配置效率需要运用市场化手段，建立产权管理制度。水体的环境保护需要运用公共管理手段，纳入政府职能。另一方面，水体的经济属性（资源属性）与生态属性又是同一事物的两个方面。水资源通过水循环的生态过程得以再生。只要保护好生态系统和生态过程不被破坏，水资源利用强度不超过自然更新速度，人类就可以源源不断地从环境中获得水资源。因此，保护生态环境就是保护水资源，水资源的经济属性和生态属性具有天然内在的联系，需要统筹管理。

五、坚持资产使用与用途监管职能独立

水资源因为具有天然的流动性和多变性，以及一些环境价值难以货币化（如环境支持与调节作用），产权收益主体难以界定，共同权力很难分割，甚至不具有经营性资产等特点，更适用于公共管理。因此，无论是水资源资产所有权管理，还是资产收益权分配管理，都需要加强用途监管，并独立于资源开发利用的受益部门，以更好地维护公共利益。此外，为了保证水资源质量不下降，必须保证基本的生态径流，由于水体的经济属性和生态属性的内在关联性，决定了水量分配需要统筹管理经济使用量和生态径流量，并通过外部监管力量抑制片面追求水资源经济使用量的倾向。

六、坚持开发利用与保护监管相制衡

公共治理的目标是实现自然资源持续利用，分离自然资源的保护监督管理职能将促进自然资源领域公共治理目标的实现。水治理体制改革应改变保护监管从属于开发利用的现状，坚持自然资源开发与保护相对独立，由一个部门负责水资源的开发配置，由另一部门负责开发监督、保护监管，形成分工明确、相互制约的关系，确保保护有力、监管到位。

七、坚持政府与市场两手发力

生态环境保护最突出的特点是代表全体人民的利益，不仅是考虑当代人而且照顾后代人的利益，因此最符合可持续发展的原则。在公共管理体制改革的进程中，环境保护已经成为当代政府最基本的职责之一。合理界定政府和市场边界，实现资源开发管理部门的政企分离，重点解决水资源开发利用和水生态环境保护中政府与市场的合作与分工问题。一方面，政府负责水资源产权的确权登记、审批等，对水资源用途进行监管，履行水生态环境保护的管理职责；另一方面，由市场对水资源和水环境资源进行优化配置，并将水资源监管的部分职能分离出来，水资源产权交易以及水资源资产运营中的保值、增值、负债等情况由市场监管机构承担。

第三节　水环境监测与治理体制的实施路径

一、基于水的多重属性价值相互关联，在现有体制基础上，着力强化协调机制和综合管理，实现水质水量水生态的统筹衔接、相互促进、协同增效

现有的"九龙治水"的水治理体制的最大问题是缺乏强有力的协调机构，职能过分交叉，存在一定内耗和低效问题。

（1）应建立强有力的治水协调机制和综合管理机制，力争实现综合决策。

（2）清晰职能职责，解决交叉问题，将水资源保护、水生态保护纳入环境保护，增强生态保护统一监管的手段和措施，强化生态环境用水保障、防治水土流失等要求，以实现水质水量水生态的协同。

（3）强化污染防治，严格监管所有污染物排放，独立进行环境监管和行政执法，将海洋污染防治、城镇污水处理厂监管、农业源污染治理等职

责划入环境监管体系之中。

（4）按照《中华人民共和国环境保护法》等的要求，优先做好统一规划、统一监测、统一信息发布等事宜。

（5）按照权责一致的原则，划分部门落实山水林田湖的保护任务，强化问责机制。

（6）强化区域督查中心执法监察职能，加强国控和重点区域、流域环境质量监测职能。

二、基于经济社会属性和自然生态属性的独特性、阶段性，实现经济社会属性与自然生态属性的相对独立、适度集中，建立水量与水质相互关联但各自独立的水治理体制

综合考虑水体经济社会属性和自然生态属性开发和保护的不同诉求，水质水量相对独立，适度集中，统筹分配，有效监管，是有效缓解水安全问题进一步加剧的重要手段。充分考虑我国的国情和政治体制改革的循序渐进过程，在现阶段，分别实现在水资源利用与水资源保护监管两个方面的统一监督管理，使破碎化水治理体系向系统化水治理体系转变。

首先，强化水资源资产管理，将水资源产权的配置、收益分配等纳入自然资产管理体系；其次，将水量调配与防洪抗旱和水使用权分配划归一个部门管理；最后，将与水源涵养、饮用水安全保障、岸线利用、水土流失等有关的监管职能统一由环保部门承担，统一监管所有污染物、污染源、污染介质，统一对水的自然生态属性实施监管。另外，将涉及水源涵养工程建设与维护、工程水利设施建设以及城镇污水和垃圾等基础设施建设和运营等的职能纳入市场管理体系。

三、基于生态系统完整性，鼓励资源产权由国家集中管理，把握资源监管与生态环境监管逐步统一的资源环境治理体制发展脉络

西方国家的环境资源大部制经历了从无到有、从弱到强、从小到大、从分散到集中的历程。多年来，尽管各国政府管理体制不断变革，政府组成部门不断调整，多数成员国政府组成机构在15个左右，但环境部门却逆

势而上，地位不断加强、职能范围不断扩大，统一管理污染控制、生态保护工作。西方国家的环境管理已经逐渐从专门的、分部门的管理方式发展为积极的、综合的管理方式，把环境保护融入社会经济决策中。同时，资源的开垦、使用、废弃均与环境发生着密切的关系，因此，把自然资源保护、自然资源管理等与环境密切相关的资源管理的职能集中到环境管理部门，将会一方面减少机构重叠设置；另一方面大幅提高政府环境管理的效率。从严格意义上说，经济发展是人类开发使用自然资源的结果，环境污染是由于资源不合理利用造成的，因此，将资源与环境集中起来，实现统一管理，既可以减少管理机构，又能提高管理效能。

重构碎片化的水治理体系，实现环境资源大部制，能妥善处理资源开发保护和生态环境保护的关系：①对水资源产权部分按照资源产权国家管理的理念进行治理改革；②将工程水利部分纳入市场运行体系，政府着力加强监管；③将防洪抗旱等职能做实，纳入自然灾害防治体系统筹安排；④将强化水资源的用途管制，包括经济用途和生态用途的监管，强调水质和水量的统一，将水资源的开发监管纳入环境资源部，与其他生态环境要素一起实施协同管理；⑤环境资源部设置必要的分要素司局和区域流域管理机构，体现决策和执行的适度分离，并强化对地方的监管。

六大系统工程技术体系运用案例

茅洲河作为深圳市第一大河，是深圳山海相连之纽，是多元文化之脉，是展示形象之窗。茅洲河横跨深圳、东莞两市，干流全长 31.3km，流域面积 344.23km²，大小河流 41 条；其中干流 1 条，一级支流 23 条，二、三级支流 17 条。目前，茅洲河流域内水体污染严重，属于重度黑臭，水生态环境亟待改善。

茅洲河流域水环境综合整治工程是广东省挂牌督办项目，广东省及深圳市"治水提质"重点项目，是住房和城乡建设部、生态环境部督办的205 个黑臭水体之一；中国电建中标项目包括宝安片区 47 个子项工程，投资额约 161 亿元；光明片区 18 个子项工程，投资额约 38 亿元；东莞片区 4 个子项工程，投资额约 9 亿元，合计投资约 208 亿元，是茅洲河全流域水环境综合整治的基础性骨架工程。

项目设计采用"一个平台、一个目标、一个系统、一个项目、三个工程包"和"全流域统筹、全打包实施、全过程控制、全方位合作、全目标考核"的创新治理模式，提出"一个方案、三地联动、五位一体、七类工程"的总体解决方案。通过实施雨污管网、河道整治、内涝治理、治污设施、生态修复、清水补给、景观文化七类工程，将茅洲河全流域建设成为水环境治理、水生态修复的标杆区，人水和谐共生的生态型现代滨水城区，为全省乃至全国的跨界河流水环境综合整治，提供了可复制、可推广的先进经验。

项目实施坚持以"流域统筹、系统治理"为准则，按照污染物"源、迁、汇"的传输路径，提出"控源截污、内源削减、水质净化、活水增容、生态修复"的"五位一体"水环境治理思路，全面落实六大技术体系所涵盖的工程内容。

第一节　河湖防洪防涝与水质提升监测系统

一、建设范围与目标

根据茅洲河水文水质自动测报服务需求，需实时采集茅洲河流域范围内的降雨、水（潮）位、流量和水质要素监测信息，系统建设范围为整个茅洲河流域。

系统建设目标是建立一个可靠、实用、先进的茅洲河水文水质自动测报系统，实时准确地提供茅洲河流域水雨情信息和水质监测信息，为茅洲河流域水环境综合整治项目的工程施工、运行安全提供水雨情保障，满足施工期及运行期防洪排涝、水资源配置等需要；同时，实时跟踪流域内各主要断面的水质监测信息，掌握茅洲河流域水质情况。

二、已建站网情况

茅洲河流域目前没有水文观测站，基本无水位、流量观测资料。茅洲河口曾设有茅洲河水文站，观测时间从 1955 年 3 月至 1956 年 6 月，但之后被撤销。流域内现有罗田水库和石岩水库两个雨量站，石岩雨量站位于茅洲河流域上游石岩水库内，1960 年设立，观测降雨至今。罗田雨量站位于流域中游一级支流罗田水上的罗田水库内，设立于 1959 年，观测降雨至今。茅洲河入海口附近有赤湾潮位站、南沙潮位站、舢舨洲潮位站。舢舨洲潮位站与茅洲河河口基本处于伶仃洋的同一直线断面上，但 1992 年后已撤站，其他两站距离茅洲河河口均较远，见图 6-1。

图 6-1 茅洲河流域及附近现有观测站分布示意图

深圳环境监测中心站在松罗路茅洲河北侧设有一个水质自动监测系统茅洲河子站（见图 6-2）。监测指标包括溶解氧、化学需氧量、氨氮、总磷等 11 项。

图 6-2 深圳市环境监测中心站水质自动监测系统茅洲河子站

另行布设的监测断面和对应的监测项目如下。

1. 宝安区

监测断面：宝安区在茅洲河流域共设有18个常规监测断面，采用现场取样送实验室监测的方法进行水质监测。其中茅洲河干流设有2个，分别为共和村、燕川；支流17个，分别为沙井河、道生围涌、共和涌、衙边涌、排涝河、万丰河、新桥河、上寮河、潭头河、潭头渠、老虎坑水、龟岭东水、塘下涌、沙浦西排洪渠、松岗河、东方七支渠和罗田水。

监测项目：pH值、水温、溶解氧、高锌酸钾指数、COD、BOD5、氨氮、总磷、铜、锌、氟化物、硒、砷、汞、镉、六价铝、铅、氟化物、石油类、阴离子表明活性剂、硫化物。监测频次为一个季度一次。

2. 光明新区

监测断面：光明新区在茅洲河流域共设有18个常规监测断面，采用现场取样送实验室监测的方法进行水质监测。其中茅洲河干流设有5个，分别为茅洲河长凤路、茅洲河同观大道、新陂头河北支上游、楼村和李松萌；支流13个，分别为新陂头河、西田水、玉田河、东坑水、马田河、木墩水、上下村排洪渠、公明中心排洪渠、鹅颈水、大曲水、白沙坑、合水口排洪渠、楼村水。

监测项目：pH值、水温、氧化还原点位、溶解氧、电导率、透明度、高锰酸钾指数、COD、BOD、氨氮、总磷、铜、锌、氟化物、硒、砷、汞、镉、六价铝、铅、镉、锌、氟化物、石油类、阴离子表明活性剂、硫化物、挥发酚、粪大肠菌群。监测频次为一个月一次。

3. 东莞

监测断面：东莞在茅洲河流域共设有4个常规监测断面，采用现场取样送实验室监测的方法进行水质监测，均位于支流，分别为东引运河、人民涌、三八河口和新民排涝渠。

监测项目：pH值、水温、溶解氧、高锰酸钾指数、COD、BOD5、氨氮、总磷、铜、锌、氟化物、硒、砷、汞、镉、六价铝、铅、氟化物、石油类、阴离子表明活性剂、硫化物。监测频次为一个月一次。

三、站网布设方案

根据水文监测站网布设原则和水质监测站网布设原则，结合当前茅洲河流域已建站网情况，拟订了流域水文水质监测布设方案。

为进一步收集相关水情、水质信息，水文水质站网布设中心站 1 个、水文站 2 个、水位站 2 个、潮位站 1 个、雨量站 5 个（已建 2 个，新建 3 个）和水质监测站 30 个，并分一、二两期进行建设，一期主要完成宝安片区内的水量、水质监测，二期增加光明、东莞片区的水雨情监测，从而为整个茅洲河水雨情、水质的监测以及整治提供数据支撑。

四、通信设计

茅洲河流域所处流域交通、供电条件相对较好，移动通信网络发达。根据本工程水雨情、水质自动测报系统的分布特点和目前中心平台已有通信设计，综合考虑可靠性、实用性、成熟性和经济性，采用冗余通信信道（GSM/CDMA/4G 和北斗卫星）组网方案。系统遥测站至中心站的数据传输原则上采用两个不同的公网运营商 GSM/CDMA/4G 通信组成主备式双信道方式，两种信道互为备份，可自动切换。对于国家考核的重要水质站点（一期：共和村、洋涌大桥、燕川；二期：楼村、李松萌），选取 GSM/CD-MA/4G 通信和北斗卫星通信组成主备式双信道方式，两种信道互为备份，可自动切换。系统中心站通过有线公网（主用信道）或 GSM/CDMA/4G（备用信道）与上级主管部门通信。

针对水文测报系统的工作模式选择，茅洲河水文水质自动测报系统各遥测站均采用自报兼应答式工作模式：遥测站以定时自报为主，具备增量自报的功能，并能响应中心站的召测和查询，以满足水文水质基本资料的记录过程连续性和实时动态的要求。中心站实时接收遥测数据，接受人工输入的查询和召测指令。

茅洲河流域水文水质自动测报系统在流域内一期设置 1 个中心站、2 个水文站、1 个潮位站和 20 个水质监测站，远期设置 2 个水位站、3 个雨量站和 10 个水质监测站。针对通信组网，各遥测站至中心站均采用主备双信道通信方式。通信站点与遥测站同址或尽量靠近，具体通信站点的布设需根据各遥测站的地理情况、水情测报的要求、移动公网在各测点的信号覆盖情况等确定。

针对传输通信设计环节，茅洲河流域水文水质自动测报系统的遥测站和中心站处于公网移动通信运营商基站信号覆盖范围内，可利用冗余 GSM/CDMA/4G 网络作为遥测站与中心站之间传输水雨情、水质数据的主、备用通道。遥测站通过 GSM/CDMA/4G 网络与中心站进行数据传输，把遥测站测的水雨情、水质等数据传输到中心站，再由中心站进行相关的处理。设备在安装实施时，需对各测点进行手机信号检查，以保证通信畅通。

五、系统整体设计

在上述系统主要设计指标与设计要求基础上，根据防洪防涝与水质提升监测系统整体设计流程，对茅洲河流域水文水质监测系统的系统设备配置、传输系统、中心站、信息处理系统等子系统进行设计集成，从而完成茅洲河流域水文水质监测系统设计与开发，具体功能模块见图 6-3。

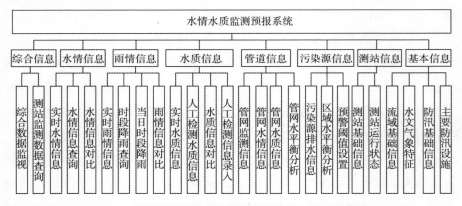

图 6-3 茅洲河流域水情水质监测预报系统功能模块

第二节 城市河流外源污染管控技术系统

外源污染管控是水环境综合整治成败的关键，在做好工程建设的同时对茅洲河流域（宝安片区）的污染源进行系统梳理分析，提出"织网成片、正本清源、理水梳岸"三大系统治理建议。

一、织网成片

"织网成片"工作的重点在于系统梳理新建雨污管网和沿河截污管，并与已建管网形成统一整体；对流域内已建管网，采用"边清淤、边检测、边修复、边验收、边移交"的工作机制，确保污水顺利输送至茅洲河流域内的污水处理厂。

（一）工程目标

通过对污水管网的建设完善，建成"用户→支管→次干管→主干管→污水厂"完整的污水收集体系，根本改善治理区域内的水环境质量；同时，梳理城市内雨水系统，减少内涝发生。通过雨污分流管网建设，旱季污水收集率达到90%以上，并实现从源头减少入河污染，消除水体黑臭现象。

（二）建设内容

由于片区污水管网收集系统不完善，有部分污水通过河道总口截流进入污水处理厂，这样不仅会影响污水处理厂的运行调度，也会严重影响河道的水质。因此，需要对片区内的污水收集系统进行完善，尽可能杜绝旱季污水进入河道。完善污水管网收集系统，包括截污工程、接驳工程和片区雨污分流管网工程三大部分。

（1）截污工程。茅洲河流域内共有一级支流10条，二级支流9条。结合河道整治将沿河排放口漏排污水接入截污管道是保证旱季污水不入河的直接有效措施之一，在一定的截流倍数下可保证旱季截流率达到90%以上。截污工程包含在河道综合整治工程中。

（2）接驳工程。现状污水管道建设年代不一，有部分管道存在各种各样的问题，为充分发挥现状管网的功能，接驳工程必不可少。接驳工程的主要内容包括：排查、检测现有管网，找到现状管网存在的问题，针对现状管网存在的问题进行修复完善。

（3）片区雨污分流管网工程。片区雨污分流管网工程是治污的根本性措施，本工程雨污分流采用截留式。茅洲河流域（宝安区）雨污分流管网工程总共分为24个片区，工程内容包括污水支管网建设、雨水系统改造、分流制区域建筑立管改造及部分道路全路面恢复。

二、正本清源

"正本清源"是在工业企业内部敷设雨污分流管道，以宝安片区为例，工业企业用地约占总面积的34%，是流域内的主要污染源，持续加快工业企业内部的管网接入工作，对控源截污产生积极推进作用。

三、理水梳岸

"理水梳岸"是沿河流路径对水污染成因进行全面系统的梳理，重点推进对支流、暗渠、排污口等点源污染的控制，努力做到"追踪每一滴水"。

第三节　河湖污泥处置技术系统

污泥是水体黑臭的"内患"，河道清淤能快速削减黑臭水体的污染负荷。工程对全流域35条干支流和5条排洪渠进行了清淤疏浚，总工程量约500万 m^3；其中，通航河道采用绞吸式挖泥船进行清淤，非通航河道采用德国两栖清淤船、水陆两用绞吸泵等进行清淤，暗渠采用清淤机器人清淤，底泥采用输泥管进行输送，避免二次污染。已建成投产的茅洲河项目1号底泥处理厂，月处理污染底泥可达 10 万 m³，是目前国内最大的现代化污泥处理厂，实现了从河道清淤到底泥处理集成化、规模化、工厂化、资源化的转变。每日可产砂料 265m³，泥饼 864m³，泥饼可烧制成陶粒做多孔透水砖，通过可再生资源利用达到循环经济的目的。

一、茅洲河污染情况简介

由于城市人口迅猛增加、经济快速增长、产业结构与工业布局不合理、污染物排放超过环境容量、工业污染源难以实现稳定达标排放和城市生活污染处理率低等原因，导致宝安境内茅洲河干支流污染、淤积严重，景观和生态功能严重退化。综合《宝安区土壤（河流底泥）重金属和有机物污染调查报告》、宝安区茅洲河流域有关水质监测资料，区内多数河段氨氮、总磷、高锰酸钾、溶解氧、COD、BOD5 等指标均超过 GB 3838—2002《地表水环境质量标准》Ⅴ类标准，河道底泥铜、锌、镉、银、铬、砷六种重金属含量指标超出 GB 15618—1995《土壤环境质量标准》三级标准，干流、支流水质均为劣Ⅴ类，水体及底泥污染严重，河涌水体黑臭。

二、茅洲河污泥（工业化）处置系统工艺流程

茅洲河污泥（工业化）处置系统主要工艺流程见图 6-4，为采用绞吸式挖泥船通过多级输泥管道将河道内的污染底泥输送至场内设置的平格栅机，平格栅机分离河道底泥中的建渣、生活垃圾等固废，经平格栅机分离后底泥所含的河沙由两级沉砂池内的链板式刮砂机、斗式提升机输送至轮式洗砂机进行洗选，然后由皮带输送机送至砂料堆场，平格栅机处理后的含泥污水经管路输送至沉淀池，进一步将细小污泥颗粒进行沉降，沉降后的污泥由沉淀池内的小型绞吸式挖泥船输送至加药车间进行搅拌加药调理均化反应，加药后的污泥由泥浆泵输送至压滤干化车间进行脱水固化处理。脱水固化后的底泥，通过装载机运送至制定弃土场或至碳化制陶车间，进行资源再生利用处理。另外，在沉淀池沉淀的污泥的上清液经管路

溢流至余水池，系统内的超磁净水系统将余水池的余水进一步净化后回排。

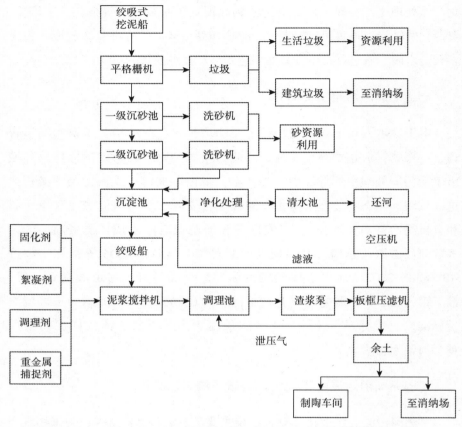

图6-4 茅洲河污泥（工业化）处置系统工艺流程示意图

根据板框式压滤脱水技术及工艺要求，1号淤泥处理厂主要由垃圾分选系统、沉砂池及淋溶洗砂系统、沉淀池、调理池及加药系统、脱水车间、超磁净水及余水系统、余土余砂临时堆场及皮带输送系统、余土陶粒生产系统等组成。

茅洲河污泥（工业化）处置系统平面布置图见图6-5。厂区地坪标高统一为5m，主要道路、厂房及大型设备基础等采用C30混凝土浇筑。根据茅洲河水文资料，综合考虑1号淤泥处理厂外侧河道常规水位、潮位以及洪水标准等因素，结合该段河道堤防整治工程堤身结构施工及防汛标准，1号淤泥处理厂进出泥、水采取堤身预埋管道方式，堤身预埋91000mm钢管，管道埋设底高程为3.5m，满足20年一遇洪水不向厂区倒灌，不影响淤泥处理厂正常生产，超标洪水及时封堵管道，不降低该段河道堤身防洪标准。

沉砂池、余水池、脱水车间与沉淀池之间现存一条110kV输电线，根据GB 50545—2010《110~750kV架空输电线路设计规范》，110kV电缆导线离地及结构物最小安全距离按5m考虑。同时，为满足余水自流排放条件，厂区沉淀池、余水池等液面标高控制在5.8m（余水池溢流底坎标高2.2m），沉淀池、余水池等结构标高按6.2m设计。池壁采用钢板桩格围堰、混凝土重力挡墙两种结构形式。泥水通道、存放堆场等基础围堰结构采用自粘聚合物改性沥青防水卷材防渗。

淤泥处理厂布置一处余土烧制陶粒生产线，利用经调理改性无害处置、脱水固结后的余土烧制陶粒，探索资源化利用新途径。

第四节　河湖生态修复与景观提升系统

一、生态修复工程设计

在茅洲河流域水环境综合整治工程中，根据河道现状实际并结合防洪、截污方案，进行生态景观修复，修建河道生态防护林带和隔离带，丰富河道空间，还原河道自然面貌，涵养水源，恢复河道生态系统，全面提升河道水环境。在不影响行洪要求的情况下，优化河道河滩形态，构建浅滩湿地生态系统、湖泊自然生态系统和河道自然生态系统三大系统，使河流生物多样性增加，食物链结构合理，生态系统持久稳定，水体环境容量提高，河道自然生态系统自净能力增强，河道水质得到长效净化和保持，最终营造具有流域特色、低碳、健康的城市水系生态走廊。

现以罗田水综合整治工程为例，展示生态修复技术在茅洲河水环境综合整治中的应用。

（一）现状分析

罗田水上游生态植被较好，但植物种类单一，生态资源、雨洪资源未充分利用，中下游城区开发建设严重挤占河道，两岸堤顶基本无生态植被。河道下游（广田路以下）汇水区虽已划归至燕罗排涝泵站抽排区，但由于两岸市政雨污排水管网配套建设不健全，两岸仍有大量污水及初雨直排入河，使河道水体严重污染，河水黑臭，河道自然生态退化。

（二）设计理念

1. 修复理念

演变：从空间的疏远到亲近，从形态的疏远到亲近，从功能的疏远到亲近，回归人对水系的自然亲近。

2. 设计理念

低碳——河道生态设计必须遵循环保低碳设计等理念。

生态——构建河流生态走廊，治理与控制河堤水土流失，在水域内种植各种喜水、耐水植物，培养水生动物，提高水域生态净化能力。

健康——河道及其附属绿地植被的打造上，不单纯以复绿造景为目的，更多地从水质净化与处理角度来打造健康河道。

乐活——河道空间及其附属绿地应该成为市民健身、娱乐和交流的积极空间。

3. 设计手法

打造"城市的绿色海绵"——海绵城市就是说城市像海绵一样，遇到有降雨时能够就地或者就近吸收、存蓄、渗透、净化雨水，补充地下水、调节水循环；在干旱缺水时有条件将蓄存的水释放出来，并加以利用，从而让水在城市中的迁移活动更加"自然"。

如图6-5所示，遵循"上蓄、中防、下梳"的方针，在河道上游及中游两块较为开阔河滩处设置两块湿地系统，像海绵一样，在雨季蓄积雨水，消化地表径流，枯水期则为下游河道景观补水。

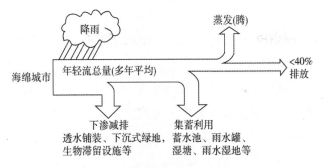

图6-5 罗田水生态设计手法示意图

（三）生态修复设计

罗田水环境综合整治工程中生态景观修复总面积231576m²，其中生态绿化面积104786m²，生态浮岛面积10328m²，水生植物投放面积58705m²，水生动物投放面积57757m²。

1. 生态修复目标

通过构建浅滩湿地系统、湖泊自然生态系统和河道自然生态系统三大系统，使河道水质得到长效净化和保持，打造"健康"河流，建成宜居、宜乐的绿色河岸带。

2. 生态修复构架

如图6-6所示，生态修复构架以"两点一线"布局。"两点"是指重点打造朝阳路上游及龙大高速公路2个湖泊自然生态系统；"一线"是指在满足河道防洪排涝功能和水质改善的同时，构建浅滩湿地系统、河道自然生态系统。通过"两点一线"生态修复工程建设，使河道生物多样性增

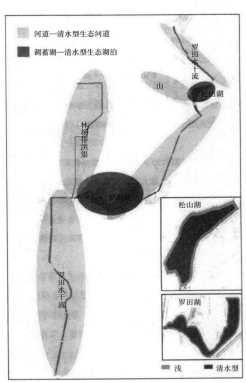

图6-6 罗田水清水型生态系统构架布置图

加，食物链结构合理，生态系统持久稳定，自然生态系统自净能力增强，最终营造具有罗田水流域特色、低碳和健康的城市水系生态廊道。

3. 具体设计方案

（1）基底改良工程。工程实施面积为 66249km^2，在工程区域的基底土壤和周边环境内，施用具有针对性的植物病原体消杀剂，消灭能导致高等植物发生褐斑病、叶锈病、秆锈病和黑粉病等的细菌性病原体和霉菌，以及可摄食活体植物的萝卜螺、福寿螺等有害螺类，以提高高等植物的成活率。

（2）水生植物—微生物功能群设计。微生物为生态系统的核心净化功能群，其增加方式有：①直接投加；②利用水生植物营造生长环境，通过水生植物根际植株效应培育有益微生物系统。鉴于直接投加微生物无法持续净化水质，且在地表水中因缺乏碳源无法充分发挥其水质净化作用，本方案采用种植水生植物的方式，营造有益微生物的生长环境，促进有益微生物的生长，从而持续发挥水质净化能力。

（3）浅滩湿地生态系统设计。浅滩湿地生态系统恢复水域为罗田水库下游至松山调蓄湖水域，该水域平均水深为 50cm，近岸带主要恢复挺水及浮叶植物，它们对水位变化具有较强的适应性，同时根系较发达，水土保持效果较好。中间水域选择种植根系发达、阻水效果差的沉水植物。

配置原则：生态安全原则、水质净化原则、水深适应原则、水土保持原则、易于施工原则。

植物种类选择：挺水植物为芦苇、芦竹、香蒲，浮叶植物为粉绿狐尾藻，沉水植物为苦草及竹叶眼子菜。

（4）湖泊清水型生态系统设计。湖泊清水型生态系统恢复水域为松山调蓄湖与罗田调蓄湖，松山调蓄湖平均水深为 1.5m，罗田调蓄湖平均水深为 2.5m。湖滨岸带植物选择景观性较强的挺水及浮叶植物，湖区中心为以先锋种引导下的多群落沉水植物为主。

配置原则：生态安全原则、四季水质净化原则、生物多样性原则、生态景观原则、易于施工原则。

植物种类选择：挺水植物选择荷花，浮叶植物选择睡莲，沉水植物选择苦草、黑藻、伊乐藻、金鱼藻、竹叶眼子菜及钝脊眼子菜。

（5）河流生态系统设计。河流生态系统恢复水域为松山调蓄湖与罗田调蓄湖之间河段，该河段平均水深为50cm。主要恢复挺水和浮叶植物，河岸带为直立驳岸，浮叶植物选择盆栽睡莲，河道中间水流较急，沉水植物—微生物功能群由微生物附着基代替。

植物配置原则：生态安全原则、美化河岸线原则、净化原则、易于施工原则。

植物种类选择：挺水植物选择芦苇、芦竹、香蒲，浮叶植物选择睡莲、粉绿狐尾藻。

（6）水生动物功能群设计。

①沉水植物——腹足类底栖动物相生功能群。该区域汛期水体悬浮物含量高，容易导致沉水植物附着物过厚而影响沉水植物进行光合作用，使沉水植物生长减缓，净化效果降低。通过附着物清除系统的构建，促进沉水植物生长，对净化效果起到事半功倍之效。沉水植物—腹足类底栖动物相生功能群的目的是清除沉水植物附着物，促进其生长。根据本地气候、水体水质条件，选用梨形环棱螺和铜锈环棱螺种类，工程实施水域为松山调蓄湖与罗田调蓄湖，工程实施面积为49367m^2。

②底栖动物——有机质分解功能群。生态系统运行后，各水生动植物会有死亡、沉降，在湖底形成沉积，因此生态系统工程设计中必须有有机物循环功能群的设计。鉴于本湖为新建湖泊且无外源污染，其沉积物积累较慢，从生态系统完整性考虑，投放不同梯度的具有有机碎屑摄食能力的有机物分解功能群。底栖动物选择青虾。

工程实施水域为松山调蓄湖与罗田调蓄湖及两湖之间的河段，实施区域面积为49367m^2。

③双壳类底栖动物——鱼类媒介功能群。无齿蚌的幼虫钩介幼虫，必须在黄颡鱼鱼鳃内进行寄生才能完成变态发育，无齿蚌从而得到繁殖。因此黄颡鱼—无齿蚌也可形成生物互利功能群，同时黄颡鱼还可捕食杂食性鱼类，提高浮游动物生物量，控制浮游植物生物量。根据无齿蚌放养密度

及浮游植物控制作用设计，工程实施水域为松山调蓄湖与罗田调蓄湖及两湖之间的河段，投放面积为 57757m²。

④生物操控——浮游动物—鱼类功能群。如图 6-7 所示，工程实施水域为松山调蓄湖与罗田调蓄湖，投放面积为 49367m²。根据区域气候、地质地貌、周边区域情况及鱼类的特性，选用肉食性鱼类乌鳢、鮰、黄尾密鲴。

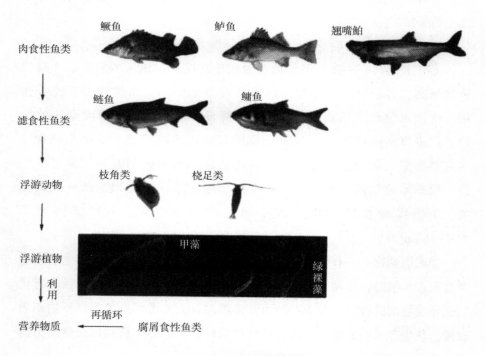

图6-7　生物操控示意图

（四）结合景观规划的生态功能分区设计

根据河道特点及周边现状将河道功能分区规划为三段，见图6-8。

（1）第一段：田园牧歌（罗田水库—龙大高速收费站出口）。如图6-9所示，在现有的自然基底上，选用深圳四季作物，利用湿地滩涂和水质净化技术满足蓄水净化的功效，并营造都市田园。

春天菜花流金，夏时葵花照耀，秋季稻菽飘香，冬日翘摇铺地，无不唤起大都市对乡土农业文明的回味，重建都市人与土地的联系。

（2）第二段：生态序曲（龙大高速松岗收费站出口—朝阳路段）。如图6-10和图6-11所示，结合水利改造"上蓄下泄"的总体理念，将现有滩地改造成既具有水质净化与处理能力的表面流人工湿地，又满足市民休闲和观景需求的优质景观空间。

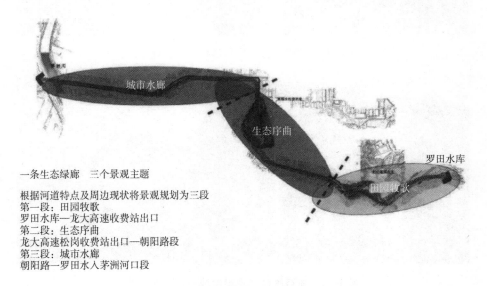

一条生态绿廊 三个景观主题
根据河道特点及周边现状将景观规划为三段
第一段：田园牧歌
罗田水库—龙大高速收费站出口
第二段：生态序曲
龙大高速松岗收费站出口—朝阳路段
第三段：城市水廊
朝阳路—罗田水入茅洲河口段

图6-8 生态功能分区图

图6-9 田园牧歌（松山湿地公园）效果图

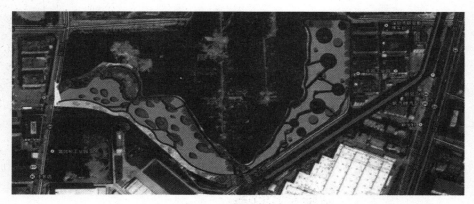

图 6-10　生态序曲（罗田湿地公园）平面图

图 6-11　生态序曲（罗田湿地公园）效果图

在自然河滩基础上，保留和再生了原场地，保存了居民的记忆。保留原有的节水闸，并演绎为立体景观构筑；原有的乔木被保留，并设计大小不一的圆形生态浮岛——生态化的水上花园，既能形成别样的景观，又能有效净化水质。

遥望四周鸟语花香，仿佛置身尘外世界。一条由钢板折叠而成的锈色长卷，写就无数桃园记忆。它隐约起伏，漂浮于水岸平台之上，或蛰伏于地面，逶迤远去，或翘首于空中，成为雨棚、景窗，巧取园中美景。

（3）第三段：城市水廊（朝阳路—罗田水入茅洲河口段）。河堤现状是直岸，周边以工业厂房和住区为主，人口相对密集，河道两侧有较为开阔的景观用地。

在结合水工防洪工程的基础上，以现代城市风光为设计主题，沿河道两侧设置贯通连续的沿河健身跑道、自行车骑行道路、点状休闲活动平台及景观构筑。树阵空间、阳光草坪、休憩长廊、观景平台等星罗棋布，在现代都市之中营造了一条可以集健身、娱乐嬉戏、交友于一体的绿色长廊。

（五）植物设计

（1）树种本土化：保留现有植物，适当给予增补，以本土树种为主体，适当引进一些特色品种，丰富河堤空间。

（2）功能人性化：利用植物进行空间分隔、视线引导，合理配置常绿和落叶，速生和慢生相结合，构成多层次的景观空间。

（3）季相分明化：通过植物本身的形态、色彩和质感的有效搭配，力求丰富多彩，形成四季有景的效果。

（4）成本合理化：注重成本考虑，除本土化外，选择抗病虫害强，易养护管理的植物，体现良好的生态环境和地域特点。规格需合理使用，重点区域选择大规格、成本较高的树种，而非重点区域则选择相对较廉价的树种。

二、景观提升设计

（一）景观提升工程概况

本工程位于深圳市宝安区茅洲河流域，主要分布在松岗和沙井两个街道片区，其中包含一条茅洲河干流。茅洲河一级支流分别是：罗田水、龟岭东水、老虎坑、塘下涌、沙浦西、沙井河、共和涌、衙边涌；茅洲河二级支流分别是：松岗河、七支渠、潭头渠、潭头河、新桥河、万丰河、石岩渠。

（1）建设内容。在现有河道绿地空间基础上，对沿河两岸的景观环境进行改造提升，主要建设内容有：滨水绿地休憩空间的营造、绿道修复工程、环境设施工程、河道配套设施工程、绿化工程、夜景照明、LID生态措施工程等。

（2）设计范围。本次景观工程涉及茅洲河干支流共16条，其中包含一条茅洲河干流，8 条一级支流，7 条二级支流。茅洲河流域宝安片区主要涵盖松岗街道及沙井街道的部分区域，流域上游水源有罗田水库、老虎坑水库、五指耙水库、长流陂水库、万丰水库、定岗湖水塘。水源地周边主要以山地为主，自然风光较好。

结合城市控规、河道两岸绿地空间、周边使用人群和周围环境，本次景观设计选取茅洲河干流、罗田水、龟岭东、老虎坑、沙井河、潭头河、新桥河作为重点整治河道；塘下涌、沙浦西、松岗河、七支渠、潭头渠、共和涌、衙边涌、石岩渠、万丰河作为提升整治河道。

（二）总体结构及设计原则

根据每条河道的不同风貌和河道周边资源，茅洲河流域（宝安片区）河道环境整治工程主要概括为：一轴、两区、四环、四貌岸线。

一轴：茅洲河主干流沿线形成一条滨水生态绿轴。

两区：罗田水、龟岭东、老虎坑、沙井河、潭头河、新桥河，由于河道周边的条件相对较好，周边使用人群对滨水绿地需求迫切，因此该类型的河道作为重点整治工程；塘下涌、沙浦西、松岗河、七支渠、潭头渠、共和涌、衙边涌、石岩渠、万丰河为垂直挡墙驳岸，建筑临河而建，滨水绿地空间缺乏，该类型河道在水利工程的基础上，需进一步提升完善。

四环：根据茅洲河流域主干道及主要支流设置"绿道"，与省级绿道 2号线构成"四环"，形成串联水系，并形成具有城市、文化景点和河道风貌的休闲游憩慢行系统网。绿道的建设既是一种景观建设，又是一种旅游产品开发，把片区多个景观资源整合串联，服务周边居民，并吸引游客。

根据深圳市绿道网规划，形成三类特色驿站类型：水库型驿站、文化型驿站和河道公园型驿站。

"四貌"岸线：休闲宜居型岸线、城市人文型岸线、城市绿脉型岸线、山水生态型岸线。针对不同类型的河涌岸线，应采取相应的生态措施与工程措施，营造出亲水景观特色。

（三）岸线生态治理与修复方案设计

港口岸线利用规划中明确规定，岸线是指一定长度范围内的岸坡带及相应的水域（包括自然的和人工的）。其中"岸坡带"是指设计最高通航水位以上 5m（高程）内至设计最低通航水位水沫线之间的区域，因此，岸线包括岸边带和河道水体。岸线带是水域生态系统与陆地生态系统进行物质、能量、信息交换的重要过渡，具有控制水土流失、增强堤岸稳定、过滤污染物、保护水质、保护生物多样性等功能。

在考虑人与自然和谐共处、河流生态承载力及经济承受能力的基础上，改善茅洲河流域生态系统的结构与功能，恢复茅洲河流域生态系统的完整性。首先要保护水生态系统，对水体及涉水部分进行保护，防止水污染，使其质量不再下降，对水中生物进行保护，保护生物多样性和水生物群落结构，保护生物栖息地。其次要修复水生态系统，对已退化或受损的水生态系统进行修复和恢复，遏制退化趋势，使其转向良性循环。岸线带生态治理修复技术目前可划分为岸线生境修复技术、岸线生物恢复技术和岸线生态系统结构与功能修复技术。

事实上，岸线生态治理与修复构建技术的核心原理为生态修复。生态修复实质上是被破坏的生态系统的有序演替过程，这个过程使生态系统可能恢复到原先的状态。生态修复作为一种工程活动，针对茅洲河流域综合整治项目，其原则是结合生态、社会、经济和文化的需求和生态修复技术的可行性。因此，在茅洲河项目总体设计中，设计理念主要是结合城市环境综合整治来进行。

在城市河道整治中，注重河道的生态保护及城市的景观效应，尽可能使城市河道景观接近自然景观。河流整治突破了单项工程的局限，综合考虑了防洪、排水、交通、绿化、生态、文化等因素，获得了良好的社会、经济、环保效益的同时，大幅改善了城市水环境状况，也达到了河流生态恢复的目的。

具体的河流生态修复技术主要包括：在河流整治中，结合洪水管理，贯彻"给河流以空间"的理念，通过建设分洪道和降低河漫滩高程等措施；河流连续性的恢复，包括纵向的连通和河道与河漫滩区的横向连通，建设堤坝并设置鱼道，堤防拆除或后退等；河流蜿蜒性的恢复；河道岸坡生态防护；河流深槽和浅滩序列的重建；洪泛区湿地特征的创建；河流内栖息地加强结构（如遮蔽物、遮阴、导流设施等）；亲水设施的建设；河道浚挖泥土的利用；多孔和透水护岸材料、结构的开发、应用及工程施工技术等。

（四）"四貌"岸线方案设计

"四貌"岸线，即休闲宜居型岸线、城市人文型岸线、城市绿脉型岸线、山水生态型岸线的总称。通过岸线的构建，文化特色将成为城市竞争力的重要体现。集休闲、绿色、生态于一体的滨水空间已经成为城市居民新的精神文化需求，是健康生活代表的一种方式，也是城市特色与品质的标志之一。构建形态各异、辅以变化的各种滨水驳岸及亲水空间将大大提升整个城市的宜居品位，并能吸引人流，带动城市经济和文化价值的延伸。针对茅洲河流域的实际特征及现状分析，基于 LID 低影响开发技术的应用和海绵城市建设理念，茅洲河干支流岸线构建主要分为以下四类。

（1）休闲宜居型岸线。主要分布于沙井、松岗生活居民区域，两岸多为居住、公共设施等。结合茅洲河河道综合整治，根据实际土地利用情况，将此区域岸线定位为休闲宜居型。

深入挖掘宝安区民俗文化特色，将具有传统文化内涵、展现传统景观风貌的艺术构建物融入岸线设计理念。通过将老城区传统文化与现代简洁科技耦合，打造极具文化内涵与后现代感的沙井、松岗地区岸线。根据宝安综合规划，排涝河—新桥段结合沙井古墟、蛇文化、桥头古村、新桥古村打造宝安传统文化演变展示带。

（2）城市人文型岸线。根据宝安综合规划，茅洲—沙井河段结合同富裕新能源产业园、松岗西部工业片区，打造工业文明展示带。主要流经产业聚集区，通过慢行系统的构建，完善河道两侧的交通体系。产业型河道因河道两侧工业密集，外来游客观光游览性较弱，以交通游览为主，对现状大型工业区进行建筑外立面整治，通过丰富的植物层次和高度，对工业区进行遮挡，并在局部设置小型休憩平台，通过工业文化的渗透，在设施中体现工业特色、工业文明的进程。

（3）城市绿脉型岸线。此类岸线当前现状为沿河地块用地，规划多为旧时的居民区，堤岸部分已经初步建成，大都为垂直岸墙式，缺乏生态性和亲水性，有一定的绿化，但绿化质量和效果不够理想。由于此类岸线空间有限，不可能空余出太多的用地做亲水空间，因此对于现状河道绿地空间比较窄的河道，以打开河岸线，连通绿道系统为首要原则，对侵占河道的违章棚舍进行拆除，还绿予民，还河予民，搭建城市生态绿网。

（4）山水生态型岸线。流经生态控制区域，河道周边生态基底良好，多为绿地、林地、山体、水库等。结合优良的自然风貌，在建设开发中通过恢复植物群落，促进自然更新，打造自然田园、生态野趣的河道风貌。结合水污染的治理，沿河局部重要节点形成湿地，植物多选用能净化水质的水生植物和乡土树种。在河道的建设中，注重宣传、科普、教育的水生态设施建设，如净水植物简介、净水生物简介及水净化过程模拟等。

第五节　水环境治理工程管控云平台系统

水环境治理信息管理云平台系统利用成熟的施工企业项目管理信息系统建设经验，结合物联网技术、GIS+技术、虚拟现实技术、移动互联网技术及大数据分析技术等，呈现工程项目管理的立体化管控。水环境治理信息管理云平台可为河湖水环境治理项目设计、施工、运营提供立体化管控系统。

水环境治理信息管理云平台系统分为多层结构，由下向上分别为：水环境智能治理综合服务云、服务器层（虚拟服务器分为：应用服务器、数据库服务器、文件服务器、备份服务器）、中间件层 Weblogic 服务器、平台层（普元 EOS 开发集成平台、SuperMapG1S 地理信息平台、北斗定位信息平台、Hadoop 大数据平台、短信服务平台）、数据通信层（顶层应用接入数据交换中心）、应用层（综合管理系统、办公一体化系统、PRP 项目管理系统、水质水情监测预警系统、视频监控及图像识别系统、施工进度可视化系统、施工网络化管理系统、多媒体封装系统、基于 GIS 的施工进度可视化系统、污染源管控分析系统、统一认证/单点登录、门户网站和访问支持客户端，水环境治理信息管理云平台系统示意图。

一、PRP 项目管理系统

（一）概述

随着信息化技术与互联网络的发展，借助信息化，加快推进企业战略、组织结构和产业形态调整，信息化将成为带动企业转型升级的重要手段，帮助企业提高经济效益，实现可持续发展，已逐步被企业管理者接受。另外，要考虑怎么与企业管理实际相结合，特别是建筑企业如何将信息化与项目现场管理相结合，既能满足现场管理，又能将各项管理制度有机结合。

系统建立以 PMBOK 理念为基础，中国建设工程项目管理规范为依据，结合企业管理需要和项目现场特点，建设及实现施工企业管理项目招投标、规划、成本、合同、进度、材料、设备、质量、安全、健康、环境、资源管理、竣工管理及沟通协调等全过程软件控制方法，优化项目管理流程，按照项目管理标准实现对施工项目全生命周期的信息化管理，并帮助企业管理决策层进行项目管理及经营分析，防范风险，从而动态调整企业的经营方针和策略。通过 SWOT 分析方法，发现企业自身项目管理的优势和劣势；通过企业价值链分析，确定项目管理的总体流程，找出项目管理的薄弱环节；通过模型建设，确定如何利用信息技术予以实现；通过综合项目管理信息平台，实现项目生产经营的在线管理，分析潜在风险，提升管理水平。

（二）系统管理内容

系统以项目现场为管理对象主体，以合同为主线，以进度为依据，以成本管理为核心进行全方位立体控制，编制信息化标准，秉承"标准化、流程化、信息化"，开发构建跨区域的项目管理平台。

（1）通过对工程项目管理标准进行信息化处理，解决项目生产管理层粗放型管理的传统问题，帮助管理走向标准化与规范化。

（2）促进企业管理能力提升，使企业决策层、管理层、职能部门能集中资源，及时了解和管控项目现场的生产经营情况，实现精益化管理。

（3）通过信息化手段，帮助解决企业资源管控与调配问题，对多项目的资源（人、材、机）进行监管和合理调配，有效提高人工、劳务、机械、物资等资源的利用率。

（4）全面梳理和完善管理流程，解决传统项目管理模式下存在的标准不统一、制度落实不到位、经营管理周期长、资料汇总不全等问题。

（5）解决企业内部信息传递效率低的问题。通过信息的数字化流转，并通过移动工作方式，实现信息快速、准确传递，弱化管理的时间概念和空间概念，提高企业的快速响应能力。

（6）打破传统烟囱式管理思想，梳理和明确业务之间的逻辑关系，明确跨职能跨岗位之间协同工作方法，从而提高办事效率，减少职责不清、工作不透明、业务数据不统一等问题，有效提高管理效率。

（7）建立单位组织统一、数据编码统一、客商管理统一、数据自动处理的一体化平台。统一的平台设计，既便于对所有信息进行管理，也便于业务流程和数据分析的扩展。

（8）建立数据标准，按照标准化设计思路，统一设计和定义主要业务数据标准，为进一步业务整合提供基础。

二、水质水情监测预警系统

（一）概述

目前茅洲河流域内水体污染严重，干支流水质劣于地表水 V 类，水体黑臭，水生态环境亟待改善。同时，该流域所处的宝安区降雨年际变化较大，且分配极不均匀，汛期（4—9月）降雨量大而集中，约占全年降雨总量的80%，多以暴雨形式出现，易形成洪涝灾害。

因此，为实现宝安区茅洲河流域水环境和水安全的标本兼治，深圳市宝安区茅洲河流域综合整治工程一方面将通过管网工程、排涝工程、河流治理工程、水质改善工程等工程性措施进行河流的全面治理；另一方面从政府提高工作效率、提升管理水平出发，有必要建立一套符合流域现状和未来发展的信息采集和决策支持系统，达到非工程性措施与工程性措施相融合，实现"信息采集自动化、传输网络化、信息资源数字化、管理现代化、决策科学化"的目标。同时，该系统也应满足社会公众对水环境管理知情权的需求，从而加强社会监督和提升政府公信力，对流域水环境和社会经济可持续发展具有重要意义。

为了全面掌握工程实施前后水质的变化情况，科学评价本工程对水质改善的效果，实时确定水体中污染物的分布状况，追溯污染物的来源、污染途径、迁移转化和消长规律，预测水体污染的变化趋势，实时监测流域水质状况，当水质恶化到一定程度或遇到突发状况时及时告警，同时考虑到本工程施工临水作业防洪安全的需要、工程实施对治理区防洪排涝能力提升以及工程完工后整个流域的运行管理等综合要求，建立了水质水情监测预警系统。另外，通过水质水情数据的积累，为后续的水环境大数据分析积累资源。

（二）系统管理内容

水质水情监测预警系统的建立主要包括水质水情监测预警系统设备、河道流量集控系统设备、城市内涝监测预警智控系统设备，以及对应的通信控制软件。

（1）水情监测站。茅洲河宝安片区内流域面积在 $100km^2$ 以上的河流只有干流 1 条，流域面积在 $20\sim100km^2$ 的河流有 3 条，分别是排涝河、罗田水、沙井河，流域面积在 $10\sim20km^2$ 的河流有 3 条，分别是新桥河、松岗河、上寮河，其他支流流域面积都较小，基本在 $5km^2$ 以下。

考虑本流域属沿海地区，易受台风影响，暴雨强度较大，洪水上涨快，同时结合现场查勘情况，因此有必要在茅洲河干流上进行水雨情自动监测站点的建设，对于流域面积在 $20\sim100km^2$ 的河流进行水位、流量监测并配备摄像头对现场拍照，以满足施工期和运行期对防洪排涝的信息需要。

（2）水质监测。基于茅洲河治理区域水质污染普遍严重的现状，结合工程建设对流域水环境治理变化过程和目标控制与考核的要求，应针对主要的污染河道进行水质监测的全面覆盖。由于施工期涉及河道岸坡的治理和河道底泥清淤，设备布置不便且易造成损坏，因此，水质监测可采取以人工取样检测为主、以自动监测为辅的方式进行。

（3）中心站。中心站包括通信控制系统、综合业务系统、移动服务应用和基础设施建设四个部分。可全面实现宝安区茅洲河流域水环境统一智能决策管理。该中心针对不同用户提供不同信息服务，并加强与其他业务系统的信息交互，真正实现远程管理和集中控制。

（4）GIS平台。GIS平台用于远程数据监控中心的数据可视化展示，可展现流域的地理位置、监测点位置及实时监测数据、流域的各项污染指标热力分布图，并支持通过点击图元的方式查看其信息介绍、实时监测参数、历史数据图表等信息。

（5）水情水质预报系统。通过对系统数据库的访问，实现对实时水情水质信息、历史同期水情水质信息的查询，并结合气象预报信息和违规企业偷排规律，自动评估违规排污出现的可能性，如针对部分企业习惯选择雨天进行废水偷排的行为，加强在雨天的巡查工作。

（6）水质监测采样无人船。当存在污染风险时，控制无人船航行至潜在污染区进行巡逻。首先由监控中心通过4G网络设置无人船的巡查路线和其他参数，设置完成后无人船按照设定的航向航行，并使用其自身搭载的常规5参数水质分析仪对水质进行实时监测，当监测到水质异常时可进行水质采样操作。无人船工作过程中的各项参数，如航向、航速、经纬度、电池电量、视频影像、水质等均通过4G网络实时传输至监控中心，并能实时生成污染程度热力分布图。无人船也可根据实际任务情况进行远程手动操作，当航行任务结束后，可手动取出采样水体在实验室进行化验分析。

与人工水质采样相比，使用无人船进行水质采样，要高效便捷得多，可大幅降低采样成本和时间，同时相比固定式水质监测，具有无测点间监测盲区的特点，水质监测无人船可沿河道进行无盲区监测。

（7）水质监测无人机。当出现如污染泄漏事故等紧急情况时，需要及时了解实时污染情况，可使用搭载多光谱相机的无人机，沿着流域方向进行航拍监测（其拍摄到的影像和图像，是能反映水体污染程度及范围的热力分布图），同时将监测信息实时发送至监控中心，用于大屏显示并拼接出整个监测面的污染热力分布图。相比于无人船系统，无人机系统主要用于需要对监测区域的情况进行快速、全面、直观监测的应用场景。

（8）污染溯源系统。污染溯源系统是基于水质指纹技术，荧光光谱与水中某些有机物——对应，被称为水质指纹。水体中天然有机物如腐殖质、蛋白质，以及叶绿素和污水中的油脂、蛋白质、表面活性剂、维生素、酚类等芳香族化合物、药品残余及其代谢产物等都能发光。由于水体中水质成分不同，因此不同类型的水体水纹也不尽相同，可以此作为污染类型的判断依据。此技术可识别 10 种典型的工业污染，包括生活污水、印染废水、电子废水、石化废水、焦化废水、造纸废水、化工废水、金属制造废水、板材加工废水、炼油废水。一般而言，当仪器判定的污染与已知污染的相识度大于 0.9 时，就可以认定水样受到该种污水的污染。

当监测到水质异常并采样后，通过污染溯源系统分析水质指纹，并与之前从各企业排污口采集的水质指纹匹配，结合监测点上游的管网架设情况，筛选出潜在违规排污企业，为政府相关部门提供精准执法的依据。

三、视频监控及图像识别系统

（一）概述

采用高分辨率全景视频、影像高效率压缩传输等领先技术，融合物联网、GIS、图像识别等综合应用技术，建立面向水环境综合整治施工、运营等阶段的工程建设的视频监控及图像识别智能管理系统，其建设内容主要包括一、二期视频监控摄像头布控，基于云平台的监控视频数据库，视频监控后台管理系统，视频多屏监控系统，视频监控 GIS 可视化系统等，为水环境智能化治理提供服务、水环境治理云平台系统提供监控视频数据支撑和应用服务。

（二）系统管理内容

视频监控及图像识别系统集成茅洲河流域整治工程施工、运营等各阶段的监控视频等动态信息，并对监控视频信息进行传输、存储、综合管理与集成展示。主要内容包括：监控视频点布控与网络传输，制定水环境公司监控视频办理办法，建立监控视频数据库、视频监控后台管理系统、视频多屏监控系统，系统以电视墙多屏显示的方式集成展示多路监控视频，为工程日常管理、监控指挥、辅助决策服务。

（1）普通视频监控点布控。前端摄像机选型应根据不同应用场景的不同监控需求，选择不同类型或者不同组合的摄像机，可以按照固定枪机与球机搭配使用、交叉互动原则，以保证监控空间内无盲区、全覆盖，同时根据实际需要配置前端基础配套设备如防雷器、设备箱等以及视频传输设备和线缆。

针对具体监控点位的实际情况，摄像机、补光灯（选配）安装于监控立杆上，网络传输设备、光纤收发器、防雷器、电源等部署于室外机箱。视频监控前端部署结构见图6-12。

普通视频监控采用4G无线和有线网络或WiFi覆盖相结合的方式进行数据传输。4G无线传输主要适用范围是没有网络资源或不易于网络布线的场所，且一般用于工地等使用周期较短的场所，充分体现易建设易搬迁的特点。对于使用时间较长的视频场所，可采用网络布线或WiFi覆盖的方式。为降低网络传输成本，兼顾4G流量费用，一、二期无线网络传输可建议在摄像机内安放存储卡进行动态存储，存储卡（128G）可存储10天左右的高清视频，存储满后会自动覆盖时间间隔较远的视频。

（2）全景视频监控点布控。系统前端采用360°全景哨兵摄像机进行视频数据采集，全景摄像机由多个高清摄像机组合而成，具有超高分辨率、超低照度等特点，通过自主研发的多画面拼接技术能够实现对大区域、大场景360°无死角、无盲区的全覆盖式监控，具有用量少、效率高、现场感强的技术特点。

全景哨兵的云台球机可以进行30倍光学变焦，更清楚地看到细节，与全景摄像联动配置可更好实现广域监控、局部放大的效果。360°全景哨兵摄像效果图及安装方式见图6-13和图6-14。

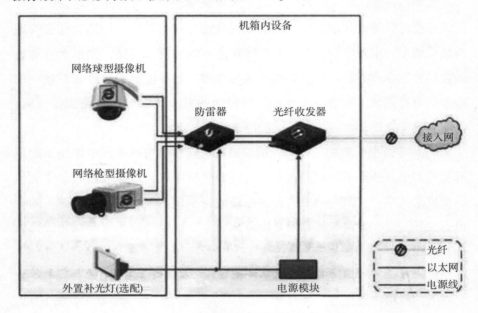

图6-12　视频监控前端部署结构示意图

(a)360° 全景哨兵摄像机

(b)360° 全景哨兵摄像机图像效果

图6-13　360°全景哨兵摄像效果图

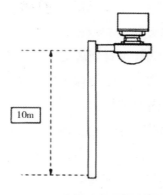

图 6-14　全景哨兵摄像机安装方式

全景视频系统由第三方（联通）提供数据网络传输，可直接将视频数据传输到监控中心的存储转发服务器上进行集中存储，视频流传输需要相对稳定的网络，以减少视频流的丢包，同时对带宽的上行速率和下行速率有一定的要求，至少需要 20M 带宽（上行和下行）才能保证完整数据的传输，其拓扑图见图 6-15。

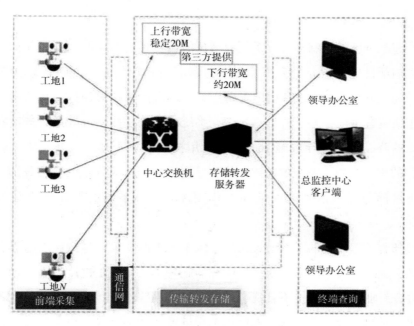

图 6-15　全景视频监控系统拓扑图

（3）视频监控后台管理系统。以降低视频数据存储及网络传输成本为原则，利用视频专用存储服务器、"电建云"远程备份存储及后台视频管理软件平台，结合水环境公司相关管理规定和办法进行监控视频后台管理系统开发，达成设备状态告警、视频图像管理、存储单元管理、实时监控管理、日志管理、录像回看等功能。

（4）视频多屏监控系统。系统以电视墙多屏显示的方式展示多路监控视频，界面友好简便、功能有序实用、可升级扩展性好的液晶大屏幕拼接系统，可达到满足大屏幕图像和数据显示的需求，为水环境公司茅洲河流域整治工程日常管理、监控指挥、辅助决策服务。

（5）视频监控 GIS 可视化系统。视频监控 GIS 可视化系统客户端基于超图平台开发，面向水环境公司领导、各职能部门、项目部等用户，系统实现监控点导览、地图定位、实时监控、云台控制、全景互动等功能。

四、施工进度可视化系统

（一）概述

施工进度的控制直接关系工程项目能否在预定的时间内交付使用，也会影响项目经济效益的发挥。施工过程具有情况复杂、随机性较大等特点，施工方可能会由于片面追求费用最小或进度最快等原因，盲目地调整费用或追赶进度，缺乏科学、合理、系统的决策手段，分开进行进度和工程量的调控，最终导致施工进度和费用控制效果不佳。另外，从"系统论"的观点来看，系统的整体功能不等同于各个组成因素的普通叠加，而是由目标与组成因素之间的相互作用决定的，系统的整体效果是最重要的。

随着工程规模的不断增大和施工水平的不断提高，导致施工边界条件复杂，施工进度影响因素众多，传统的施工工法、施工进度图表表达的方法存在专业性强、表达不直观、过程不可追溯等缺点，无法有效消除不同层级、不同专业、不同水平人员对工程进度认知的差异，也不能满足各级施工及管理人员对工程施工进度的整体把握。

由于茅洲河流域（宝安片区）水环境综合整治项目面积达 100 多 km²，分 10 标段，共 46 个项目，包含施工队伍数量较多，采用横道图或网络图等施工进度展示方法，会极大增加施工进度展示的复杂程度，增大项目内部的沟通成本和非专业人员掌握施工进度难度。

施工进度管理可视化是对数值仿真过程及结果增加文本提示、图形图像及动画表现，计算机可视化技术具有直观形象、用户体验良好等特点。采用专业的 BIM 和 GIS 模型作为平台的重要支撑，采用三维模型和数据库交互操作无缝集成，以工程师语言为前提，以专业技术为基础，以业主实际需求为导向，通过三维设计模型实现施工过程及进度可视化展示，模型准确有效，系统功能简洁，真正实现施工进度管理的"所见即所得"。

（二）系统管理内容

系统将施工进度数据与场景进行结合，在系统中对施工进度进行可视化展示，实现施工进度可视化管理。系统功能包括项目总体展示模块、施工计划进度可视化、施工进度记录追溯可视化、实际及计划进度对比可视化、可视化进度报表、进度预警展示可视化六大模块。同时，系统易于使用、管理及维护，是茅洲河项目施工管理的有力工具，可实现运营管理科学化、信息化。

茅洲河项目施工进度可视化系统主要包括管网工程进度可视化、河道工程进度可视化、清淤及底泥处置工程进度可视化、界河标工程进度可视化等内容。

（1）管网工程进度可视化。根据管网施工工序特点，首先建立围挡、路面、钢板桩（槽钢）、沟槽、立管、检查井、混凝土构件等数字三维模型和施工工序模型，根据管网设计施工进度计划安排，赋予设计模型同步工程计划时间、进度计划等相关属性，系统可基于时间轴实现对设计模型的进度计划可视化展示，在可视化过程中，用户可查询进度计划等相关信息。

综合设计变更、施工调整等建立管网的围挡、路面、钢板桩（槽钢）、管槽、立管、检查井、混凝土浇筑等实际施工数字三维模型和施工工序模型，并根据现场实际进度显示施工实际模型。系统可调用计划进度信息，实现实际进度信息与计划进度信息对比，并将进度差异的信息在三维场景中可视化展示，辅助工程决策。

（2）河道工程进度可视化。根据河道工程施工工序特点，首先建立河道、堤岸、管线、绿化、钢板桩（槽钢）、调蓄湖干砌石、灌注桩、混凝土构件等数字三维模型和施工工序模型。根据河道综合整治施工进度计划安排，赋予设计模型计划时间、进度计划等相关属性，系统可基于时间轴实现对进度计划可视化展示，在可视化过程中，用户可查询进度计划等相关信息。

综合设计变更、施工调整等建立河道工程的施工数字三维模型和施工工序模型，根据现场实际进度显示河道工程施工实际模型。系统可调用计划进度信息，实现实际进度信息与计划进度信息对比，并将进度滞后的信息在三维场景中可视化展示，辅助工程决策。

（3）清淤及底泥处置工程进度可视化。建立钢管桩、河道等数字三维模型和施工工序模型，将土石方开挖、土石方回填、混凝土浇筑、河道清淤等计划进度存于数据库表单中，系统通过访问数据库获取计划进度信息，实现土石方开挖、土石方回填、混凝土浇筑、河道清淤的计划进度模拟。

汇集实际工程进度信息，并在数据库中维护更新，在系统中实现土石方开挖、土石方回填、混凝土浇筑、河道清淤的实际进度模拟。系统可调用计划进度信息，实现实际进度信息与计划进度信息对比，并将进度滞后的信息在三维场景中可视化展示，辅助工程决策。

（4）界河标工程进度可视化。建立钻孔灌注桩、挤密碎石桩、旋喷桩、混凝土构件等数字三维模型和施工工序模型，将计划进度存于数据库表单中，系统通过访问数据库获取计划进度信息，实现计划进度可视化。

汇集实际工程进度信息，并在数据库中维护更新，在系统中实现实际进度模拟。系统可调用计划进度信息，实现实际进度信息与计划进度信息对比，并将进度滞后的信息在三维场景中可视化展示，辅助工程决策。

五、施工网格化管理系统

（一）概述

网格化管理依托统一的城市管理以及数字化的平台，将城市管理辖区按照一定的标准划分为单元网格。通过加强对单元网格的部件和事件巡查，建立一种监督和处置互相分离的形式。

党的十八届三中全会通过的《关于全面深化改革若干重大问题的决定》提出，要改进社会治理方式，创新社会治理体制，以网格化管理、社会化服务为方向，健全基层综合服务管理平台。

创新社会治理，必须着眼于维护最广大人民根本利益，最大限度增加和谐因素，增强社会发展活力，提高社会治理水平，全面推进平安中国建设，维护国家安全，确保人民安居乐业、社会安定有序。

改进社会治理方式。坚持系统治理，加强党委领导，发挥政府主导作用，鼓励和支持社会各方面参与，实现政府治理和社会自我调节、居民自治良性互动。坚持依法治理，加强法制保障，运用法治思维和法治方式化解社会矛盾。坚持综合治理，强化道德约束。坚持源头治理，及时反映和协调人民群众各方面各层次的利益诉求。

茅洲河流域（宝安片区）水环境综合整治项目是电建集团战略转型升级的重点项目，该项目施工场地位于深圳这个大都市，参加项目建设的施工人员和施工机械大多数位于深圳的开放、半开放区域，同一时间参加项目建设的施工人员和施工机械数量众多，施工场地存在大量粉尘、水、泥等许多设备难以正常运行的恶劣条件。为了提高对类似工程建设项目中施工人员、施工机械的管理水平，本节将借助网络化管理的原理，对工程建设项目的施工人员、施工机械进行精细化管理。

（二）系统管理内容

为了提高对工程建设项目中施工现场网格化管理水平，重点应用信息技术、物联网技术、智能识别技术、管理信息系统等信息化手段，辅助一系列必要管理措施的实施，充分发挥信息化手段在工程建设项目中的应用，以提高工程建设项目的管理水平和效率，探索出一整套对类似工程建设项目的人员、设备网格化管理的行之有效的方法，为水环境公司采用信息化手段全面开展茅洲河项目的人员、设备网格化管理积累经验。

施工现场网格化管理系统建设工作主要采用 GPS/北斗定位方案、电子标签定位方案、门禁系统方案这三个方案，通过这些方案在茅洲河项目（部分）施工现场的实施，对现场施工人员、管理人员位置信息定期的自动化收集、展示和管理，实现施工现场网格化管理系统建设的目标。

1. GPS/北斗定位方案

（1）方案简述。要求现场施工人员佩戴有 GPS/北斗定位芯片的电子手表，通过电子手表上安装的 GPRS 通信卡（也称"SIM 卡"，下同）实现位置数据的上传。

在试点测试中，GPS/北斗卫星定位采用每 30 分钟定位一次，数据上传间隔也是每 30 分钟一次，以测试系统的性能。

（2）方案原理。由施工人员佩戴有 GPS/北斗定位芯片的电子手表，这些电子手表加装了 GPRS 通信卡无线通信网络模块，采用专用管理系统软件定期向水环境公司后方发送电子标签的位置、高程，并将这些位置、高程信息保存在数据库中。由于这些电子标签与施工人员存在映射关系，因此水环境公司后方的管理信息系统软件可识别施工人员在某一时刻的位置信息、高程信息，从而实现施工人员的自动化识别管理。

该方案采用的电子手表必须充电，充电周期在 10 天左右。数据传输示意图见图 6-16。

（3）方案应用场景。该方案主要用于没有围挡的开放式施工项目现场，也可用于经常在室外工作的工程管理人员。该方案利用实时的 GPS/北斗位置信息对佩戴者进行定位，通过信息管理系统实现人员位置跟踪和轨迹分析。

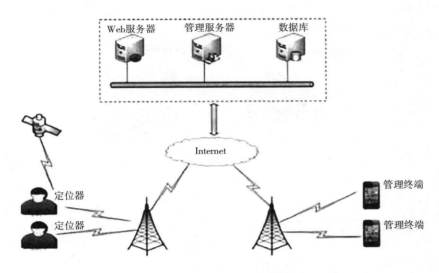

图 6-16　GPS/北斗定位芯片的电子手表数据传输示意图

2. 电子标签定位方案

（1）方案简述。在有围挡、存在多个出入口的半封闭施工项目现场，或相对集中的施工区域设置电子标签通信基站，施工人员佩戴有电子标签的电子手环在现场进行施工。基站可以实时感应探测一定范围内的电子标签，并大致对位置予以定位。

基站由 GPS/北斗芯片、无线定位通信模块以及 GPRS 通信模块组成。GPS/北斗芯片主要实现基站的基准位置信息获取；无线定位模块实现对无线覆盖区域内的电子标签的信息获取并实现距离定位。基站在获取电子标签手环的信息后，根据一定的算法并结合基站的地理位置信息，计算出电子标签手环的相对地理位置坐标信息，通过 GPRS 通信模块上传到后台服务器，实现对佩戴电子标签手环人员的定位。

（2）方案原理。在工程项目施工区域采用低频无线组网方式安装部署数据中继器基站，施工人员随身佩戴标识人员身份的电子手环，当这些电子手环进入基站可识别的范围（通常 500m 范围内）时，基站即可读取电子手环，采用专用管理软件将电子手环 ID 号通过 3G 网络传回后方的专用的管理信息软件中，由管理信息软件实现电子手环 ID 与携带电子标签施工人员的映射，并将相关信息自动保存到数据库中，从而实现对施工人员的自动化识别管理，见图6-17。

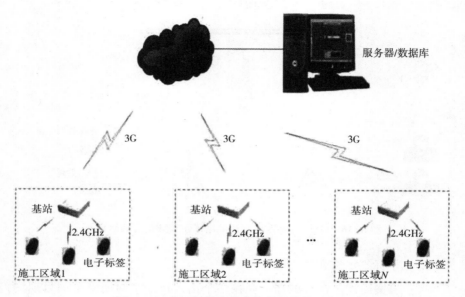

图 6-17　电子标签定位方案数据传输示意图

（3）方案应用场景。该方案主要用于有围挡、存在多个出入口的半封闭施工项目现场，通过在施工现场设置基站，同时施工人员佩戴有电子标签的手环，达到人员定位的目的，并通过信息管理系统实现人员位置跟踪和分析。

3. 门禁系统方案

（1）方案简述。对相对固定的封闭施工场所或者后勤办公场所采用门禁的方案实现对人员的进出场管理。在施工场所或后勤场所设置读卡器，对进出区域分别设置，人员进场和出场均需要刷卡。所有刷卡数据均实时上传到门禁管理系统中，通过管理系统接口实现数据与综合平台的通信。

门禁读卡器采用有线方式实现数据的上传通信，通过以太网接入施工场所的办公网络中，通过 VPN 实现与中心管理系统的通信。

在每个施工现场设置 1 台门禁发卡器，用于门禁卡的发放和回收管理，所有数据均与后台管理系统实时同步。

（2）方案原理。系统采用了目前常用的红外探测技术与射频卡（RFID）技术，集科学化、数字化、智能化研发为一体，提供了实现出入管理和考勤管理的高技术手段，见图6-18。

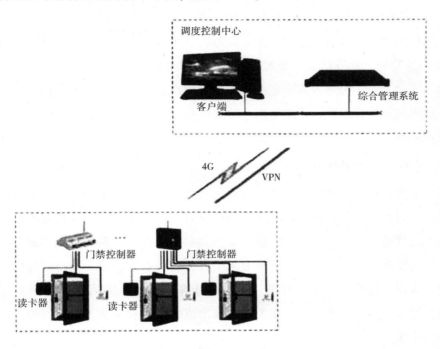

图6-18 门禁系统方案数据传输示意图

（3）方案应用场景。该方案采用传统的门禁系统实现人员的考勤和统计分析，主要用于有围挡、固定的封闭施工现场或者各项目部的后勤工作场所。

由于施工现场的封闭性，只要施工人员刷卡进入该封闭区域，就该区域的位置坐标就可作为该施工人员的定位信息。后期通过信息管理系统来实现施工人员的位置分析。

六、安全和应急管理综合服务平台

（一）概述

安全和应急管理综合服务平台依托电建集团全球网建设和"电建云"

总体规划，结合集团项目一体化管理实践，对工程建设领域安全、应急管理模式和技术进行监管和平台建设，促进集团安全应急管理的能力提升、业务成熟和产业化发展。

"安全和应急管理综合服务平台"是"互联网+工程建设安全应急"的具体实现，即采用包括移动互联网、云计算、大数据、3S（RS/GIS/GPS）、物联网等互信息化技术，加强互联网技术与安全应急管理的融合应用；同时，对工程建设安全应急管理进行标准化、制度化、流程化、信息化梳理与一体化改造，促进中国电建集团在工程建设领域的安全应急管理产业升级。

（二）系统管理内容

安全和应急管理综合服务平台面向工程建设项目施工前、施工过程阶段，通过细化工程建设全过程中涉及的安全、应急问题，制定相应的行业标准、规范、流程，应用大数据、云计算和 GIS 技术，研制可支持服务于工程建设全过程、全人员的安全应急平台，实现各类隐患、风险信息的建模、采集、集成、存储、管理、分析、计算，实现各类信息的管理和服务，结合具体的业务情况和相关技术推出成熟产品和解决方案，实现产品的产业化。

（1）安全和应急管理综合服务平台框架设计和关键技术。平台框架设计的总体目标是，基于云计算技术研制面向工程建设安全应急业务的管理和服务平台，支持工程建设前的隐患、风险信息全范围存储、管理、分析，支持工程建设过程中监测数据的存储、管理和服务，支持安全事故的应急决策、处置调度，支持系统的横向水平扩展。平台系统内部设计为独立的存储、通信、计算和分析服务，各个服务模块支持水平扩展，通过统一的接口层为业务应用提供服务，最终形成平台即服务（PaaS）（见图6-19）。

关键技术主要包括 NoSQL、云计算技术、物联网技术、移动互联网技术、3S 技术等。

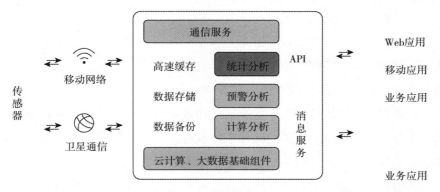

图 6-19　安全和应急管理综合服务平台框架设计示意图

（2）安全和应急管理综合服务平台开发。在平台框架和关键技术应用的基础上，利用已有技术储备和业务知识储备，研发工程建设安全和应急管理综合服务平台，见图 6-20。

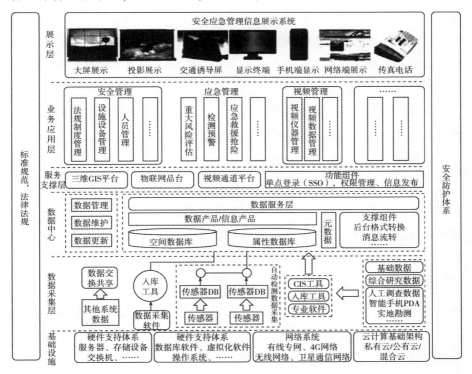

图 6-20　安全和应急管理综合服务平台示意图

该平台主要包括以下组成部分。

①基础设施层：基础设施层是支撑平台运行的基础，主要包括：由互联网/有线专网/4G 网络/无线网络（WiFi）和卫星通信网络等构成的物理链路系统；由服务器、存储设备、交换机、机柜、UPS 服务器、监测仪器、传感器、显示设备、硬件防火墙等构成的硬件支持体系；由三维地理信息平台软件、数据库软件、操作系统软件、安全软件等构成的软件支持体系；基础设施层的建设是基于电建云技术架构。

②数据采集层：数据采集层通过各种手段获取安全应急综合管理平台运行需要的各类专业属性数据、基础数据、安全应急综合管理数据及其他数据。数据采集手段包括与其他系统交换共享、数据采集软件录入、监测设备仪器、人工调查［主要是移动端数据录入（包括智能手机、PDA 等）和实地勘测获取数据］等。

③数据中心：数据中心是平台服务的内容，由数据管理维护工具、数据库等构成，为平台提供数据资源及数据服务。数据中心对数据进行统一组织和管理。其数据主要包括：空间数据、监测设备实时及历史数据、安全管理数据、应急管理数据、成果展示数据等。

④服务支撑层：服务支撑层以数据中心为基础，提供安全管理、应急管理等业务应用系统运行的环境基础和单点登录（SSO）、权限管理、信息发布等功能组件，同时也是各种业务集成的基础。

⑤业务应用层：业务应用层包括平台计划建设的业务系统及平台建设完成后待扩展的业务系统。业务应用系统以数据中心和平台为基础，通过平台从数据中心获取数据，并且成果数据统一存储到数据中心。业务应用系统主要包括安全管理、应急管理、视频管理等。

⑥展示层：展示层基于业务应用层，集成各个业务应用及其成果数据，展示数据中心内的数据、数据产品和信息产品。包括大屏展示、投影展示、交通诱导屏展示、显示终端展示、手机端展示、网络端展示等。展示层的核心是基于 Virtual Globe 的多分辨率三维虚拟环境，在此基础上，应用 3D GIS 技术叠加不同的业务专题信息和业务应用，实现不同的业务应用和业务信息的集成。

上述各层均在标准规范、法律法规、安全防护体系支持下进行构建。

（3）工程建设安全和应急管理综合服务平台业务功能建设。安全和应急综合管理平台是以信息技术作为支撑，软硬件相结合的安全和应急综合管理信息技术系统，是实施日常安全管理、应急管理、安全应急设施设备管理的综合信息工具。用于实现风险分析、信息报告、监测监控、预测预警、综合研判、辅助决策、综合协调与总结评估等多角度功能。根据业务内容，可分为安全管理和应急管理两大部分。

依托工程建设安全和应急服务的业务需求，基于"互联网+"的思维理念，采用大数据技术、移动互联网技术、物联网技术、云计算技术等一系列的先进技术手段，建设安全和应急平台，为客户提供按需易扩展的云服务。

（4）工程建设安全和应急管理综合服务平台系统集成。通过网络集成、数据集成、技术及应用集成，实现安全和应急综合管理平台的集成以及该平台与其他业务平台、应用系统等外部系统的集成，保障数据的互联互通。

项目内部集成包括：安全和应急综合管理平台的网络及硬件集成、数据集成、技术集成、业务应用功能模块集成、建设文档集成，与项目内部的物资管理系统、OA办公系统等集成。

项目外部集成包括：与政府应急部门系统集成；与气象部门、国土部门、水利部门、交通部门等相关部门的系统集成；为后续应用提供接口。

（5）工程建设安全和应急标准体系建设。通过工程安全和应急管理综合服务平台的建设，形成电建集团关于安全和应急平台的标准化体系，同时力争形成国内工程建设领域的行业建设标准体系。

（6）工程安全和应急平台市场推广及产业化。以工程建设安全和应急平台为依托，结合公司业务情况，提供成熟的工程安全和应急产品和解决方案。

公司以自身的路桥、水电建设和推广为切入点，主要面向业主、承建方、承包商、施工方，通过为工程建设安全和应急信息化建设提供完整的解决方案和服务，为集团项目中工程建设的安全和应急提供有效的依据和手段。

七、多媒体封装系统

（一）概述

随着公司业务体系的建设，新项目的开拓及跟进也逐渐增多，面对如何在有限的时间内直观、准确地展现公司体系，如何高水平地对公司治水理念进行宣讲的问题，需采用专业化工程汇报系统才能达到高端营销的目的。

随着茅洲河标杆工程的建设，以及公司全流域治水理念的落地实施过程中，必然有众多面向政府、参观学习单位等的治理方案的介绍及推介。同时，对于茅洲河众多的设计、监理及施工等参建单位，想要标准化介绍管理理念，以及高效地让新参建单位了解项目情况，均需采用标准化工程汇报系统进行表达。

PRP 汇报组合封装系统以实现人人积累汇报素材、人人能够制作专业汇报系统为目的，以专业化素材积累体系为基础，以专业工程图册及虚拟演示系统为支撑，形成一套简单易用的视频、PPT 制作体系，达到全部参与单位的汇报系统专业化及高品质化。

（二）系统管理内容

PRP 汇报组合系统的主要工作是为汇报素材管理系统的建立，以及汇报组合封装系统提供解决方案，实现工程汇报素材的专业化积累，降低汇报系统制作门槛和效率，提升汇报系统制作水平。内容包括汇报素材管理系统和汇报组合封装管理系统。

（1）汇报素材管理系统。汇报素材管理系统是本项目开展的基础，可全面、系统进行素材的积累，将进行项目视频素材管理子系统、项目图片素材管理子系统、项目 PPT 素材管理子系统、项目图册素材管理子系统、项目虚拟素材管理子系统及自定义汇报素材管理子系统的搭建，分类别对项目展示信息进行管理。

①项目视频素材管理子系统。本子系统将系统进行视频素材的管理，实现项目参与人员，人人可积累视频素材，每个项目全建设周期汇报视频

素材的专业化管理及共享。

制作基础视频素材内容包括水环境公司视频素材（包括片头 Logo 的展示，吉祥物的展示，电建集团介绍，水环境公司的介绍，治理技术路线、技术措施、保障机制）、项目工程视频素材（包括项目背景简介，项目现状简介，治理措施简介，治理效果制作等）、航飞素材（针对工程现场影像保留及展示需求，进行全流域航飞视频素材采集）、工程现场视频素材、参观视察视频、已封装视频的积累及自定义类型视频素材等，以满足各种定制需求。

②项目图片素材管理子系统。本子系统将系统进行图片素材的管理，实现项目图片素材的全员参与收集、全员共享管理的目的。

③项目 PPT 素材管理子系统。本子系统将系统进行 PPT 素材的管理，制定 PPT 素材的统一模板，实现参建各单位的 PPT 色调及展示体系一致。

④项目图册素材管理子系统。本子系统将系统进行工程图册素材的管理，实现工程图册的标准化积累及后续调取运用。包括水环境公司工程图册素材（制作水环境公司工程图册集，实现公司简介、业务、治水理念等的标准化图册展示，为其他项目运用提供可参考素材）、项目部工程图册素材（结合工程项目特点及需要，进行工程项目针对性情况简介、工程措施、项目重点技术等工程图册制作，为工程项目的延伸宣讲提供基础）、自定义类型工程图册素材（各项目可根据实际需求及拥有工程图册类型进行自定义类型下载及保存，如技术说明图集等，以满足各种定制需求）等。

⑤项目虚拟素材管理子系统。水情虚拟演示系统主要是采用虚拟仿真系统，进行流域水环境的虚拟仿真模拟，以次时代的逼真效果，进行工程设施、工程景观、工程特效的制作，以真实的、可交互的方式，实现流域水情的真实化模拟及呈现。

工程虚拟仿真演示系统将实现：实施光影效果，随时间变化、角度变化，建筑物阴影不同，反射不同，完全实现次时代效果；林、花、鸟、雨、人均可模拟，大量精细化模型，可最真实地展现工程及景观效果；阳光、雨、雪、夜景等环境模拟，雨打荷叶、雪落屋檐、流光溢彩等环境一键切换：可通过鼠标拖动、操作第三人角色模式，实现场景漫游，全角度查看；设置兴趣点，引导进行大场景关键节点的快速视角切换；设置路径漫游动画，可沿着兴趣路线，进行动画展示。

工程水情虚拟演示系统，将在真实地模拟流域水环境情况的基础上，结合流域水文计算成果，进行不同频率洪水水位演示，淹没情况、范围统计及演示，为项目提供最真实的洪水虚拟演示效果。

⑥自定义汇报素材管理子系统。项目部可根据实际需求，对项目汇报展示过程中所产生及积累的素材进行自定义存储及管理、共享，以满足不同展示需求。

（2）汇报组合封装管理系统。汇报组合封装系统在基础素材库基础上，提供一般汇报需求的非专业人员即可操作完成的基础视频制作，高端汇报需求可快速集成制作的视频汇报体系。

①视频组合封装子系统。视频组合封装子系统将提供简单易用的视频剪辑软件，通过提供教程文档，以及电建北京院的组织培训，使非视频专业制作人员即可完成一般视频的编辑，以实现视频的组件式自由组合、封装及发布。

大多数使用者，在无须教程的情况下，即可完成视频的简单剪辑及制作。视频编辑将不再是只有专业人士才能参与的项目，这种简单易用的组合封装方式，将为视频使用者提供极大方便。

②PPT组合封装子系统。PPT组合封装子系统，主要运用了PPT的模板作用，通过积累的各种模板，使多项目形成一套标准的汇报内容、版面、色系、基调。

③工程图册组合封装子系统。工程图册组合封装子系统，主要通过积累工程已有工程效果图、工程宣传图册等，形成完善的工程图库。当要制作新的图册时，以选择、抽取、组合的方式，实现新图册的快速组合及封装出版（见图6-21）。

④水情虚拟演示组合封装子系统。本子系统主要通过完成的多个工程及景观节点虚拟演示系统形成一套完整的水情虚拟演示体系。面对不同的演示需求，可进行不同节点虚拟成果的多角度演示。演示最终成果的效果图及视

频抽取，以多种方式实现水情演示的高可视化程度。

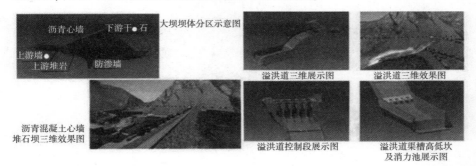

图 6-21 工程图册组合封装成果图

参考文献

[1] 王浩,秦大庸,陈晓军,等.水资源评价准则及其计算口径[J].水利水电技术,2004,2(35):1-4.

[2] 国家林业局.第二次全国湿地资源调查结果[N].国务院新闻办公室新闻发布会材料,2014,1:13.

[3] 农业部长江流域渔业资源管理委员会办公室.《根据2013年长江上游联合科考报告》.

[4] 天津市水资源利用、生态环境与循环经济中的重大科技问题研究专题组.大津市水资源利用、生态环境与循环经济中的中大科技问题研究报告初稿[C].2004:1-12.

[5] 陆荣幸,郁洲,阮永良,等.J2EE平台上MVC设计模式的研究与实现[J].计算机应用研究,2003, 20(3):144-146.

[6] 寇毅,吴力文.基于MVC设计模式的Struts框架的应用方法[J].计算机应用,2003, 23(11):91-93.

[7] 王毅.中国的水问题:转型、治理与创新[J].环境经济,2008,4(52):27-33.

[8] 童卫星(美国加州洛杉矶水质管理局).美国联邦环保署及各级地方环保机构间接,科学对社会的影响,2007.

[9] 杨桂山,于秀波,李恒鹏,等.流域综合管理导论[M].北京:科学出版社,2013.

[10] 吴舜泽,姚瑞华,王东,等.完善水治理机制需澄清哪些误区[N].中国环境报,2015-01-06.

[11] 吴舜泽,姚瑞华,王东,等.发达国家治水,一龙还是九龙[J].环境经济,2015,01(134),35.

[12] 张宗庆,杨煜.国外水环境治理趋势研究[J].世界经济与政治论坛,2012,6:160-170.

[13] 张军扩,高世楫.中国需要全面的水资源战略和有效的水治理机制[J].世界环境,2009,2:17-19.

[14] 刘芳,孙华.水资源项目治理的社会网络动态分析[J].中国人口、资源与环境,2012,3:144-149.

[15] 吴舜泽,姚瑞华,赵越,等.科学把握水治理新形势完善治水机制体制[J].环境保护,2015,43(565):12-15.

[16] 吴舜泽,姚瑞华,赵越,等.国际水治理的机制体制经验及对我国启示[J].环境保护,2015,43(577):68-70.

[17] [英]马丁·格里菲斯.欧盟水框架指令手册[M].水利部国际经济技术合作交流中心组织译.北京:中国水利水电出版社,2008:4-5.

[18] 常纪文.推动党政同责是国家治理体系的创新和发展[N].中国环境报,2015-01-22.

[19] 《完善水治理体制研究》课题组.水治理及水治理体制的内涵和范畴[J].水利发展研究,2015,8:1-4.

[20] 《完善水治理体制研究》课题组.我国水治理及水治理体制的历史演变及经验[J].水利发展研究,2015,8:5-8.

[21] 《完善水治理体制研究》课题组.我国水治理及水治理体制现状分析[J].水利发展研究,2015,8:9-12.

[22] 《完善水治理体制研究》课题组.完善水治理体制的思路[J].水利发展研究,2015,8:13-15.

[23] 《完善水治理体制研究》课题组.国外水治理体制及经验借鉴[J].水利发展研究,2015,8:19-22.

[24] 《完善水治理体制研究》课题组.国外流域管理在水治理体制中的地位和作用[J].水利发展研究,2015,8:23-26.

[25] 马建华.稳步推进长江流域综合管理的思考[J].河湖管理,2014,6:34-37.

[26] 韩晶.基于"大部制"的流域管理体制研究[J].生态经济,2008,10:154-157.

[27] 王毅.改革流域管理体制促进流域综合管理[J].中国科学院院刊.2008,23(2):134-139.

[28] 王毅,王学军,于秀波,等.推进流域综合管理的相关政策建议[J].环境保护,2008(19):22-24.

[29] 王东,赵越,姚瑞华.论河长制与流域水污染防治规划的互动关系[J].环境保护,2015,45(9):17-19.

[30] E.莫斯特,朱庆云.国际合作治理莱茵河水质的历程与经验[J].水利水电快报,2012,33(4):6-11.

[31] 王友明.巴西环境治理模式及对中国的启示[J].当代世界,2014,10:58-61.

[32] 姚勤华,朱雯霞,戴轶尘.法国、英国的水务管理模式[J].城市问题,2006,8:79-86.

[33] 曾维华,张庆丰,杨志峰.国内外水环境管理体制对比分析[J].环境管理,2003,25(1):2-4.

[34] 刘明.韩国水资源管理经验[J].水利水电快报,2008,29(3):19-20.

[35] GyeWoonChoi.SangJinAhn.韩国水资源与水环境管理总体计划[J].水利水电技术,2003,34(1):26-29.

[36] 刘慧,郭怀成,詹歆晔,等.荷兰环境规划及其对中国的借鉴[J].环境保护,2008,406:73-76.

[37] 叶亚妮,施宏伟.国外流域水资源管理模式演进及对我国的借鉴意义[J].西安石油大学学报(社会科学版),2007,16(2):11-16.

[38] 韩晶.流域管理的"大部制"及立法研究[C].2008年全国环境资源法学研讨会(年会)论文集,2008.

[39] 陈吉宁.流域管理及国际比较的启示[C].建设科技,2007,17:22-23.

[40] 景向上,刘旭,魏敬熙.借鉴国外经验优化我国水资源管理模式[J].中国水运(下半月),2008,8(8):152-154.

[41] 沙景华,王倩宜,张亚男,等.国外水权及水资源管理制度模式研究[J].中国国土资源经济,2008(1):35-37.

[42] 郑春宝,马水庆,沈平伟.浅谈国外流域管理的成功经验及发展趋势[J].人民黄河,1999,21(1):44-45.

[43] 杨树清.21世纪中国和世界水危机及对策[M].天津:天津大学出版社,2004.

[44] 王洪昌,李春玲,牛红生,等.国外江河水利开发[M].郑州:黄河水利出版社,2001.

[45] 肖斌,高甲荣,刘国强,等.国外流域管理机构与法规述评[J].西北林学院学报,2000,15(3):112-117.

[46] 黄霞,胡中华.我国流域管理体制的法律缺陷及其对策[J].中国国土资源经济,2009(3):14-15.

[47] 张学峰,王错,李明.流域管理机构应对突发水污染事件职责分析[J].人民黄河,2008,12(30):9-13.

[48] 徐荟华,夏鹏飞.国外流域管理对我国的启示[J].水利发展研究,2006,5:5&59.

[49] 王海,岳恒,周晓花,等.法国水资源流域管理情况简介[J].水利发展研究,2003,8:58-61.

[50] 刘红蕊.浅谈我国水法规体系的完善[J].2008年全国环境资源法学研讨会(年会),2008.

[51] 钟玉秀.对流域管理委员会制度的思考[J].中国水利,2006,7:29-30.

[52] 袁弘任,吴国平.水资源保护及其立法[M].北京:中国水利水电出版社,2002.

[53] 张宝军,黄华圣.水环境监测与治理职业技能设计[M].北京:中国环境出版集团,2020.